LES ALIMENTS

TYPOGRAPHIE

ED. MONNOYER, AU MANS
(Sarthe).

ACTUALITÉS SCIENTIFIQUES

Publiées par M. l'Abbé MOIGNO.

XV

LES ALIMENTS

QUATRE CONFÉRENCES

FAITES DEVANT LA SOCIÉTÉ DES ARTS DE LONDRES

Par M. H. LETHEBY

Professeur de Chimie au Collège de l'Hôpital de Londres,
Membre du Conseil de salubrité, Inspecteur hygiénique des marchés
de la cité de Londres

Traduites de l'Anglais par M. l'Abbé MOIGNO

PARIS

AU BUREAU DU JOURNAL *LES MONDES*
32, Rue du Dragon,

ET CHEZ GAUTHIER-VILLARS, IMPRIMEUR-LIBRAIRE,
55, Quai des Grands-Augustins.

1869

PRÉFACE

La Société pour l'encouragement des arts, des manufactures et du commerce, qui a son siége et son administration centrale dans Adelphi-Street, à Londres, est dans une certaine mesure, pour les Royaumes-Unis, ce que notre Société pour l'encouragement de l'industrie nationale, rue Bonaparte, 44, est pour la France. Elle a pour mission de réunir dans son sein les amateurs sincères du progrès industriel et commercial, au nombre de mille environ, pour donner à leurs efforts communs une impulsion plus continue et plus efficace. Elle n'a pas encore conquis dans l'opinion publique l'autorité qu'elle devrait exercer; son influence cependant est grande et très-sensible. Ce fut elle qui, sous la présidence du prince Albert, organisa l'Exposition universelle de 1861, et lui fit produire de si étonnants résultats. Dans ces dernières années, elle a pris la direction de l'enseignement professionnel; elle rédige les programmes d'enseignement, formule les questions d'étude et de concours, nomme les commissions d'examen, compare les notes obtenues dans les luttes écrites et orales, distribue les diplômes, décerne les récompenses, etc., etc.

Divisée en comités: de l'éducation publique, des substances alimentaires, de l'application des arts à l'industrie, de la colonisation, du commerce, etc., etc., elle met à l'étude toutes les questions à l'ordre du jour, et s'efforce de les résoudre dans le sens le plus favorable au progrès.

J'avais suivi avec beaucoup d'attention et d'intérêt, l'année dernière, les procès-verbaux des séances de son comité des aliments; j'avais été très-vivement frappé de tout ce qu'on lui avait soumis de documents précieux, de procédés nouveaux, d'inventions utiles, et je regrettais de ne pouvoir pas m'en faire immédiatement l'écho. Mais un bienfaiteur de l'humanité, M. Cantor, a fait à la Société des arts un legs assez important, avec obligation de faire faire chaque année une série de conférences ou lectures sur les sujets de science pratique les plus pleins d'actualité. Les conférences de 1868 furent confiées à M. Letheby, qui eut l'heureuse pensée de traiter la question capitale de l'alimentation, de manière à résumer les travaux du comité. Ce résumé excita mon attention par le nombre considérable de données théoriques et pratiques qui y sont condensées, par la forme anecdotique de sa rédaction, par l'importance considérable du sujet et le talent remarquable de son auteur. M. Letheby, d'ailleurs, chimiste et professeur de chimie très-distingué, membre du Conseil de salubrité de Londres, chargé de l'inspection hygiénique des marchés de la Cité, avait largement la science et l'expérience nécessaires pour un semblable enseignement. Je résolus donc de traduire ses leçons; je demandai à la Société des arts et à M. Letheby, par le si bienveillant intermédiaire de M. Le Neve-Foster, secrétaire général de la Société, l'autorisation que je croyais nécessaire; et je me mis à l'œuvre. M. l'abbé Raillard a bien voulu ébaucher le travail; j'y ai mis la dernière main, et je n'ai rien négligé pour lui donner une forme sinon tout à fait française, du moins suffisamment agréable à mes chers lecteurs, que les anglicismes effrayent et découragent quelquefois.

Je compte cette actualité au nombre des plus intéressantes, des plus utiles, j'oserais dire des plus nécessaires qu'il m'ait été donné de publier. Ce petit volume, éminemment instructif et pratique, est comme indispensable aux chimistes, aux médecins, aux hygiénistes, aux écrivains scientifiques, aux maîtres et maîtresses de pension, aux instituteurs et institutrices, à tous, en un mot, car pour tous la question de l'alimentation est une question vitale.

Un coup d'œil rapide jeté sur la table des matières, que je me suis appliqué à faire très-complète, donnera une idée exacte de tout ce que ce petit volume renferme d'utile et d'attrayant.

Paris, le 24 septembre 1869.

F. MOIGNO.

Représentation graphique du mode d'adjonction. — Contraction et dilatation égales de tous les gaz. — Jolie démonstration expérimentale. — Capacité de fixation et puissance de combinaison des molécules. — Molécules univalentes, bivalentes, trivalentes, etc. — Formation d'une molécule d'acide chlorhydrique, d'eau, d'ammoniaque, de gaz des marais. — Série chlorhydrique, éthyle, éthylamine, éthylène, propyle, méthyle. — Molécules achevées et inachevées. — Composés saturés et non saturés. — Appendice sur la philosophie chimique. — Synthèse et raison théorique de toutes les lois de la chimie. — Identité des derniers atomes de la matière. — Constitution des molécules des corps. — Loi de Prout. — Isomorphisme. — Lois de la conservation de la matière. — Loi des proportions définies. — Loi des proportions multiples. — Loi des équivalents. — Loi des combinaisons composées. — Nombres harmoniques. — Loi de Dulong et Petit. — Loi de Faraday.

III. **Analyse spectrale des corps célestes,** *par* M. William Huggins. — *Conférence expérimentale faite à Nottingham, en septembre* 1866, *en présence de l'Association britannique pour l'avancement des sciences.* (Brochure in-18 de 68 pages. Prix : 1 fr. 50 c.) — C'est un excellent résumé d'astronomie étudiée à l'aide du spectroscope. — Spectres de divers ordres. — Méthodes d'observation. — Soleil. — Lune et planètes. — Étoiles fixes, colorées, variables, changeantes. — Nébuleuses résolues et non résolues ; leur éclat, leurs dimensions. — Comètes. — Bolides, étoiles filantes.

IV. **Calorescence ; influence des couleurs et de la constitution mécanique des corps sur la chaleur rayonnante.** — *Deux mémoires de* M. John Tyndall, *lus à la Société royale de Londres.* (Brochure in-18 de 60 pages. Prix : 1 fr. 50 c.) — Spectre de la lumière solaire ; radiations visibles et invisibles. — Spectre de la lumière électrique. — Ses radiations lumineuses, calorifiques, chimiques. — Maximum et minimum de chaque radiation. — Interception des radiations calorifiques et lumineuses; absorption par la dissolution d'alun, par le sulfure de carbone, par la dissolution d'iode dans le bisulfure de carbone; filtrage des rayons. — Foyer des rayons obscurs de la lumière électrique. — Image thermographique du foyer obscur; combustion, incandescence, fusion, vaporisation au foyer obscur. — Calorescence et fluorescence. — Appareils simples pour la mise en évidence des foyers obscurs. — Expériences grandioses au foyer obscur de la lumière solaire. — Calorescence à travers des verres de couleurs diverses. — Expériences de Franklin sur les étoffes, répétées et mieux interprétées. — Différences d'échauffement de deux cartes recouvertes, l'une d'alun, l'autre d'iode. — Soufre et phosphore. — Corps athermiques et diathermiques. — Radiations relatives des poudres appliquées à la gomme, noyées dans le ciment de soufre ou maintenues électriquement. — Transmissions relatives, à travers le cristal de roche, de la chaleur des substances élevées à la température de cent degrés.

V. **La matière et la force. — La Force.** — *Deux conférences faites par* M. Tyndall, *l'une à l'Institution royale de Londres, l'autre à Dundee, en présence de trois mille ouvriers; suivies d'une étude sur l'essence de la matière, la constitution des corps, la cohésion et la distension, par* M. l'abbé Moigno. (Brochure in-18 de 60 pages. Prix : 1 fr. 50 c.) — Tendances invincibles de l'esprit humain. — Recherche des causes. — Manifestation directe de la force. — Force simplement attractive. — Force polaire. — Forces invisibles et moléculaires. — Pôles et orientation des molécules. — Aimantation et attraction produites par le courant électrique. — Chaleur produite par le passage du courant. — Décomposition de l'eau. — Recomposition de l'eau. — Choc des atomes. — Cristallisation de l'eau. — Arbre de Diane, arbre de Saturne. — Structure admirable de la glace. — Cristallisation du ferrocyanure de potassium et du chlorhydrate d'ammoniaque. — Forces végétales nées des forces moléculaires. — État présent de la surface du globe, affinités épuisées, affinités actives. — Origine de la force mécanique. — Origine de la force animale. — Physicien matérialiste. — Problème de l'univers. — Ame, instrument de musique ayant sa gamme propre. — Le grand Architecte de l'univers. — Le mystère de la matière, et sa constitution intime.

Il semble impossible de descendre plus profondément dans le mystère de la matière et d'exposer plus nettement la grande synthèse des phénomènes de la nature par la matière et le mouvement, *nec plus ultra* du progrès.

VI. **Les éclairages modernes.** — (Brochure in-18 de 118 pages. Prix : 2 francs.)— *Éclairage aux huiles de pétrole.* — Nature et essai des huiles de pétrole. — Lampes avec liquide. — Gaz-Mille, formé des vapeurs du pétrole. — Lampes sans liquide. — *Éclairage au magnésium.* — Lumière du magnésium. — Lampe Salomon, lampe Larkin. — Application de la lumière du magnésium. — *Eclairage au gaz oxhydrogène.* — Rôle de l'oxygène dans l'éclairage. — Production industrielle et économique des gaz oxygène et hydrogène. — Lumière Drummont. — Lumière Carlevaris. — Lumière Tessié du Motay et Maréchal. — Divers modes d'emploi du mélange oxhydrogène. — *Eclairage à la lumière électrique.* — Nature et propriétés de la lumière électrique. — Génération de la lumière électrique par les machines magnéto-électriques ou électro-dynamiques de la compagnie l'Alliance, de M. Wilde, de M. Ladd. — Régulateurs de lumière électrique de M. Serrin, de M. Foucault. — Avenir de la lumière électrique. — Condenseur de lumière de M. d'Henry. — Lunette de nuit à la lumière électrique, de M. Georgette Dubuisson, capitaine de vaisseau. — *Régulateurs de la pression des gaz servant à l'éclairage, de M. Giroud, de Grenoble.* — Nécessité de la régularisation de la pression. — Régulateur de distribution intérieure. — Régulateur de réseau. — Usage du régulateur pour l'examen physique de la pureté et de la richesse du gaz d'éclairage. — *Appendice.* — Lampe simili-gaz de M. Boital. — Lampe à mèche circulaire de M. Maris. — Eclairage aux huiles lourdes de goudron de M. Donny. — Soufflerie hydraulique de M. Maris. — Succès de l'éclairage au gaz oxhydrogène. — Production de l'oxygène par la baryte, procédé de M. Gondolo. — Production de l'oxygène par le protochlorure de cuivre, procédé de M. Mallet. — Multiplication de la lumière électrique : M. Le Roux. — Applications nouvelles de la lumière électrique.

VII. **Sept leçons de physique générale,** *par* AUGUSTIN CAUCHY, *avec un appendice sur beaucoup de questions à l'ordre du jour, par* M. l'abbé MOIGNO. (Brochure in-18 de 108 pages. Prix : 2 francs.) — Notice historique sur Cauchy. — Activité scientifique du XIXe siècle. — Nécessité et recherche de la vérité. — Précautions à prendre. — Multitude de corps. — Essence de la matière. — Propriétés de la matière. — Grandeurs géométriques et nombres. — Repos et mouvement. — Vitesse. — Résultante des forces. — Lois générales de la mécanique. — Inertie; masse ; temps ; espace ; éther. — Principes du centre de gravité et des aires. — Points en repos dans l'univers. — Impossibilité du nombre actuellement infini. — Démonstration mathématique de l'existence de Dieu. — Infini et continu. — Récente apparition de l'homme sur la terre. — L'antiquité de l'homme jugée par les fossiles, les langues, les institutions et les monuments. — La science sauvegardée par la foi. — L'homme géant et l'homme matériel.

VIII. **Physique moléculaire.** *Ses conquêtes, ses phénomènes et ses applications.* (Brochure in-18 de 212 pages, avec 25 figures dans le texte. Prix : 2 francs 50 centimes.) — Constitution des corps et cohésion des solides. — Adhésion, diffusion, osmose, dialyse, transpiration des liquides. — Histoire et théorie de la diffusion, de l'osmose et de la dialyse. — Applications industrielles de la diffusion, de l'osmose et de la dialyse. — Constitution dynamique, adhésion, absorption, diffusion, effusion, transpiration des gaz. — La physique moléculaire dans ses rapports avec les changements d'état des corps. — L'ébullition, la vaporisation, la congélation, la cristallisation, la dissociation, etc. — Physique moléculaire dans ses rapports avec la théorie mécanique de la chaleur. — *Epilogue :* matière et esprit. — Mystère de l'esprit et mystère de la matière. — Matérialistes gribouilles.

IX. **Six leçons sur le chaud et le froid,** *faites à un jeune auditoire pendant les vacances de Noël, par* M. J. Tyndall. (Br. in-18 de 124 p. Prix : 2 fr.). 1. Nature de la chaleur, et moyens divers de l'engendrer; frottement, percussion, combustion. — Changement de volume produit par la chaleur. — 2. Dilatation par la chaleur; force d'expansion causée par la chaleur; moyen de mesurer la chaleur; thermomètres. — 3. Vents et brises; neige et glace; glaciers; geysers d'Islande. — 4. Théorie et imitation des geysers d'Islande; équivalent mécanique de la chaleur; dépense de chaleur dans le travail intérieur ou extérieur de la vaporisation, de la cristallisation, etc.; chaleur spécifique des corps; propagation de la chaleur dans les gaz, les liquides, les solides. — 5. Chaleur rayonnante; réflexion et absorption de la chaleur rayonnante. — 6. Réflexion, réfraction et absorption de la chaleur rayonnante; la chaleur du soleil; rayons visibles et invisibles; séparation de la lumière et de la chaleur. — *Appendice :* nature du froid.

X. **Faraday inventeur,** *par* N. John Tyndall, *traduit de l'anglais par* M. l'abbé Moigno. (Vol. in-18 jésus de VIII-162 pages. Prix : 2 fr.) — Naissance, famille, caractère, fermeté, vivacité, grandeur d'âme; — Vie intérieure, ordre parfait, bonté, soumission et indépendance, force et simplicité, foi, mort calme et paisible de Faraday. — Son entrée et sa longue carrière à l'Institution Royale. — Ses principales recherches et découvertes ; liquéfaction des gaz ; benzine ; verre d'optique ; verre pesant ; chromatrope et plaques vibrantes ; induction électrique ; magnétisme de rotation ; lignes de forces magnétiques ; induction par la terre ; courants magnétiques du globe ; étincelle tirée de l'aimant ; conduction électrolytrique ; isolants et conducteurs ; magnétisation de la lumière ; diamagnétisme ; force magnéto-cristalline ; magnétisme des flammes ; centres de force ; nature de l'attraction ; électricité animale ; étincelle produite par un gymnote. — Eloge historique de Faraday par M. Dumas. — Faraday et Ampère. — Faraday et Foucault.

XI. **Saccharimétrie optique, chimique et mélassimétrique,** par M. l'abbé Moigno. (In-18 jésus de XXVIII-256 pages. Prix : 3 fr. 50.) — Sommaire : Notice historique sur M. Jean-François Soleil, l'inventeur du saccharimètre ; — Nombreux instruments d'optique créés par lui ; — Premiers essais en France d'analyse spectrale. — Passé, présent et avenir de l'industrie du sucre de betteraves. — Le sucre de betteraves ; fabrication française, allemande, russe. — Solution de la question des sucres. — Osmose et osmogène. — Diffusion. — Extraction du sucre des mélasses. — Recuite des sucres. — Saccharure de sucre. — Description, manipulation, théorie du saccharimètre. — Mise en évidence à l'aide du saccharimètre, et démonstration des lois, de tous les phénomènes de l'optique ; polarisation, double réfraction ; polarisation rectiligne, chromatique et rotatoire. — Analyse physique et chimique des sucres : procédés de MM. Payen, Dumas, Barreswill, Péligot, Dubrunfaut, etc. — Analyse mélassimétrique des sucres, procédés de MM. Péligot, Emile Monier, Dubrunfaut, Felz, des chimistes experts de Paris. — Instruments et produits pour l'analyse des sucres ; — Constructeurs d'appareils.

XII. **Mélanges de chimie et de physique pures et appliquées,** par M. l'abbé Moigno. (In-18 jésus, IV-244 p. avec fig. Prix : 3 fr. 50.) — Sommaire : *Nature intime de l'hydrogène*, par M. Graham, directeur de la Monnaie d'Angleterre ; hydrogénium, palladium et hydrogène. —

Sur une nouvelle classe de réactions chimiques produites par la lumière, par M. JOHN TYNDALL. — Action de la lumière électrique ou solaire sur les vapeurs des liquides volatils. Décomposition par la lumière des nitrites d'amyle, de butyle, d'iodure d'allyle, d'isopropyle; des acides bromhydrique, chlorhydrique, iodhydrique. — Couleur bleue de la lumière du ciel. — *Sur les rayons chimiques et la lumière bleue du ciel*, par M. JOHN TYNDALL. — Molécules, atomes, matière, mouvement, arrangement et équilibre; mouvements communs et différentiels; nuages bleus de vapeurs et leur polarisation ; polarisation et couleur bleue du ciel. — *Température des flammes et ses relations avec la pression*, par MM. FRANKLAND, et HENRY SAINTE-CLAIRE-DEVILLE. — Eclat et pression; luminosité relative des gaz et des vapeurs; luminosité et densité; augmentation d'éclat avec la température et la pression. Combustion et lumière sous pression. — *Sur l'économie des diverses forces de combustibles, y compris les huiles minérales*, par M. MACQUORN RANKINE. Quantité d'eau vaporisée ; effet utile du foyer; pouvoir total de vaporisation; quantité totale de chaleur dégagée dans la combustion; cause et évaluation des pertes de chaleur; surface de chauffe et poids du combustible; avantages des huiles minérales. — *Propriétés physiques et pouvoirs calorifiques des huiles minérales* (pétrole) *et de houille*, par M. HENRY SAINT-CLAIRE-DEVILLE. Volatilité, dilatation, composition; combustion, pouvoir calorifique; chaleur dégagée; application aux locomotives et aux bateaux à vapeur. — *De l'aniline et des couleurs extraites du goudron de houille. Leçons faites à la Société des Arts de Londres*, par M. W. H. PERKIN. Goudron de houille et ses produits, aniline, benzine, nitrobenzine; ce que contient un kilogramme de houille ; mauve ou mauvéine, bleu de Prusse ; magenta, coraniline; bleu d'aniline, violet impérial; vert d'aldéhyde; orangé de Field; noir d'aniline, coraline, carmin; composition chimique absolue et relative des diverses couleurs. — *Nouveau mode de fabrication et de raffinage du sucre par l'emploi de l'alcool*, par M. E. MARGUERITTE. Composition et traitement des mélasses. — Cristallisation par la saturation ; conditions de succès ; rendement.

XIII. **Science anglaise.** *Son bilan au mois d'août* 1868. *Réunion à Norwick de l'Association britannique pour l'avancement des sciences*, par M. l'abbé Moigno. (In-18 jésus, xii-232 pages. Prix : 2 fr.) — L'Association britannique. Réfutation des doctrines positivistes. Discours d'inauguration du président, M. Hooker ; discours des vice-présidents des sections, MM. Tyndall, Frankland, Godwin-Austin, Berkeley, Richard, Samuel Brown, Bidder. Conférence de M. Huxley, un morceau de chaux ; conférence de M. Odling, action chimique, directe et inverse. Analyse des communications relatives aux sciences : mathématiques et physiques ; chimiques ; géologiques, biologiques ; économiques et statistiques ; géographiques et ethnologiques ; mécaniques. Congrès international d'archéologie préhistorique.

XIV. **Science anglaise.** *Son bilan en* 1869. *Réunion à Exeter de l'Association britannique pour l'avancement des sciences.* (In-18 jésus, 232 pages. Prix : 2 fr.) — Discours d'inauguration du président, M. Stokes ; discours des vice-présidents, MM. Sylvester, Debus, Bartle-frère. Conférences du soir de M. Allen-Miller sur l'analyse spectrale ; conférence du soir de M. Norman Lockyer sur la constitution du soleil. Recherches expérimentales sur les propriétés mécaniques de l'acier, par M. W. Fairbairn. Analyse des communications relatives aux sciences : physiques et mathématiques ; chimiques ; géologiques, physiologiques et biologiques ; géographiques et ethnologiques ; économiques et statistiques ; mécaniques, etc.

XV. **Les aliments.** *Conférences faite à la Société des Arts de Londres*, par M. le docteur Letheby. (Vol. in-18 jésus, ii-252 pages. Prix : 3 fr. 50.) — Sommaire : *Première Conférence : Des différentes sortes d'aliments, leur composition chimique et leur valeur nutritive.* Céréales, farines, blé, pain, légumes, fruits, lait, fromages, viandes, poisson, œufs, graisse. — *Deuxième Conférence : Fonctions des différents aliments, leurs propriétés digestives comparées.* Secrétions digestives, digestibilité ; digestion ; équivalent mécanique des aliments ; des aliments azotés et non azotés ; élimination de l'azote et de l'acide carbonique ; rôle des ferments ; de la graisse, des principes salins, de l'eau, des boissons alcooliques ou aromatiques ; engraissement ; énergie potentielle ou réelle des aliments. — *Troisième Conférence : Composition des régimes diététiques ; préparation et traitement culinaire des aliments.* Besoins réels du corps ; régimes divers, des ouvriers, des prisonniers, des soldats, des pauvres ; carbone et azote nécessaires aux divers âges. — Répartition des aliments en repas ; gloutonnerie des sauvages ; luxe de table chez les anciens et les modernes ; dangers des excès ; tristes effets de la famine ; fabrication du pain ; préparation des bouillons aromatiques ; viandes bouillies et rôties ; extraits de viandes ; appareils culinaires ; boissons populaires.— *Quatrième Conférence : Conservation des aliments, aliments malsains ou falsifiés.* Conserves par le sel, le sucre, la dessiccation, par exclusion de l'air ; conserves préparées à l'aide de la vapeur ; conserves par le froid ; conserves par enveloppes imputrescibles ; conserves par les agents antiseptiques ; règlements pour la bonne conservation des aliments des Romains, des Juifs, du moyen âge ; caractères de la bonne viande, chair des animaux morts ; signes des maladies parasitiques, ténia, hydatites, trychine ; chairs empoisonnées ; végétaux décomposés ; seigle ergoté ; ivraie ; sophistication des aliments par augmentation de volume et de poids, par fraude dans l'aspect extérieur ; par accroissement frauduleux de la quantité et de la qualité ; circulation générale des éléments ; mystère de la vie.

XVI. **Esquisse de thermodynamique,** par M. P. G. Tait, *professeur de philosophie naturelle à l'Université d'Edimbourg.* (Vol. in-18 jésus, xx-216 pag. Prix : 3 fr. 50.) —Chapitre I. *Esquisse historique de la Théorie dynamique* *de la chaleur*. Qu'est-ce que c'est que la chaleur ; temps et espace ; matière et force ; matière ou mouvement ; chaleur et mouvement ; théorie de la chaleur de Fourier ; puissance motrice du feu de Sydi Carnot ; cycle de Carnot ; réversible et non-réversible ; analyse des travaux de Thomson, Clapeyron, Seguin, Mayer, Hirn, Colding, Joule, Rankine, Clausius, Seebeck, Clerk Maxwell ; thermo-électricité ; action magnéto-cristalline ; chaleur rayonnante ; thermocrose ; fluorescence ; calorescence.— Chapitre II. *Esquisse historique de la science de l'énergie*. — Nécessité de l'expérience ; causes et effets ; hypothèses et théories ; cynématique, cynétique, énergétique ; énergie potentielle, énergie cynétique ; constitution de la matière ; impossibilité du mouvement perpétuel ; conservation, transformation, dissipation de l'énergie ; équivalent mécanique de la chaleur ; perte et transformation d'énergie dans le choc des corps ; dans la production du son, dans le frottement, dans l'action chimique avec production de chaleur, d'électricité statique ou dynamique, de courants électriques, de magnétisme, d'électro-magnétisme. Sources naturelles de l'énergie ; le feu, les aliments, l'eau, les marées, les vents, les volcans, l'affinité chimique, la radiation solaire, la rotation de la terre ; la chaleur interne du globe. Chapitre III. *Exposé succinct des principes fondamentaux de la théorie de la chaleur*. Démonstration graphique de la première loi : la quantité de chaleur disparue est la mesure du travail extérieur développé. Méthode rigoureuse pour la mesure des températures. Seconde loi : la fonction de Carnot est inversement proportionnelle à la température comptée à partir du zéro absolu. Détermination de la quantité de chaleur nécessaire pour produire un travail donné. Principe de l'équivalence des transformations ; chaleur spécifique à volume constant et à pression constante. Détermination de l'effet de la pression sur les points de fusion et d'ébullition. Désagrégation. La température d'un corps dépend seulement de la quantité actuelle de chaleur qu'il contient et non de l'arrangement de ses molécules. Propriétés thermo-électriques de la matière.

XVII. **Recherches sur la constitution et les mouvements de la matière,** par le P. Leray, *professeur de théologie, de la congrégation des Eudistes.* (Vol. in-18 jésus, II-108 pages, avec de nombreuses figures.) Chapitre Ier. Essence de la matière. Exposé et rejet des principaux systèmes ; étendue et espace ; espace réel divisible à l'infini ; substance matérielle formée d'éléments composés ; constitution et propriétés de l'élément matériel. — Chapitre II. Mouvement et ses lois. Lois du mouvement en général ; lois du choc des atomes ; lois du choc oblique. — Chapitre III. Mouvement de l'éther, indépendamment des corps. Nature de l'éther et mouvement de ses atomes ; mouvement d'un courant d'éther ; principes de l'équilibre mobile. — Chapitre IV. Action de l'éther sur un corps isolé ; sur deux corps intérieurs l'un à l'autre ; sur une surface plane ou sphérique ; sur un solide convexe impénétrable ; sur un corps pénétrable, et réaction ; sur un corps situé à l'intérieur d'une sphère ou d'un ellipsoïde. — Chapitre V. Action de l'éther sur deux corps intérieurs l'un à l'autre ; sur un point extérieur ; pesanteur sur un point extérieur de deux sphères en présence ; lois de la gravitation universelle de Newton ; valeur exacte de l'action exercée sur un corps extérieur par une sphère homogène.

XVIII. **Des éclipses de soleil en général,** *et les éclipses, en particulier, du* 18 *août* 1868 *et du* 7 *août* 1869. — La constitution physique du soleil, d'après les recherches récentes de MM. Faye ; Warren de la Rue, Loevy et Balfour-Stewart, Secchi, Lockyer, Huggins, etc.

XIX. **La météorologie moderne, théorique, instrumentale et pratique. — Pronostics et prévisions du temps.**

XX. **Les paratonnerres : Leur théorie, — leur efficacité.** — *Instructions nécessaires pour leur installation.*

XXI. **Les métamorphoses du carbone.** *Leçons faites à un jeune auditoire dans Royal-Institution*, par M. William Odling.

Le Mans. — Typ. Ed. Monnoyer. — 1869.

LES ALIMENTS

PREMIÈRE CONFÉRENCE.

Les différentes sortes d'aliments. — Leur composition chimique et leur valeur nutritive.

L'économie alimentaire, dans son sens le plus étendu, est un sujet d'une importance nationale ; car l'influence politique d'une nation dépend de la force musculaire du peuple, aussi bien que de son intelligence et de l'état de son industrie et de son commerce ; or, cette force résulte de l'usage bien entendu des aliments et de leur répartition convenable dans le pays.

C'est ce qu'on reconnaît, non-seulement au milieu des calamités d'une famine ou des souffrances d'une disette, mais encore d'une manière tout aussi significative, quoique moins frappante, aux époques où la détresse n'atteint que les classes les plus pauvres. Elle produit dans cette partie de la population un amoindrissement de la vigueur physique et de l'énergie morale, qui mine la santé et aboutit enfin à un état de maladie déclarée. L'expérience de nos hôpitaux constate, en effet, que trop souvent des maladies sans remède ont eu pour cause prédisposante le dépérissement des forces. Et ce n'est pas tout ; car, ainsi que l'observe M. Simon : « Longtemps avant que l'insuffisance du régime amène des conséquences exigeant l'intervention de la médecine ; longtemps avant que le physiologiste en vienne à compter les grammes d'azote ou de carbone qui s'interposent entre la vie et l'épuisement final, la famille aura été complétement dépourvue de tout ce qui constitue le bien-être ; les vêtements et le combustible lui auront manqué plus encore que la nourriture ; elle n'aura été que très-imparfaitement protégée contre les rigueurs de la mauvaise saison ; son habitation se sera trouvée réduite à des dimensions dont l'insuffisance, vu le nombre des individus réunis, engendre des maladies ou les aggrave ; pour obtenir un abri à vil prix, elle se sera établie dans des lieux où rien n'a été fait en vue de la salubrité et où la propreté est à peu près impossible. » Et tous ces maux tombent principalement sur ceux qui sont le moins en état de les supporter, — sur la mère et les enfants ; — car le père, pour pouvoir travailler, même faiblement, a besoin de manger. Ainsi, la plus large part de souffrances est réservée aux autres membres de la famille. Et pourtant, quelque fâcheux que soient ces résultats immédiats de l'indigence, ils ne sont rien en comparaison de sa conséquence éloignée : la dégénérescence de la race.

Ainsi donc, en étudiant cette question de l'économie alimentaire, nous ne devons pas seulement nous préoccuper de la valeur nutritive des différentes sortes d'aliments ; nous devons, en outre, examiner quelle est la meilleure manière dont ils peuvent être répartis et utilisés.

Aujourd'hui nous étudierons les principales espèces de nourriture, et nous déterminerons leurs qualités particulières, leurs valeurs diététiques. Pour cela, il sera nécessaire d'avoir quelques termes de comparaison ; et c'est là un point d'une extrême difficulté. En effet, si nous comparons les aliments d'après les proportions de leurs principaux éléments, c'est-à-dire d'après les quantités d'albumine, d'amidon, de matières saccharines et salines qu'ils contiennent, nous trouverons que les proportions de ces substances varient à tel point que la comparaison serait presque sans utilité; et, si nous fixons notre attention sur un seul principe constituant, par exemple sur l'azote, de manière à en faire la caractéristique de la valeur nutritive, nous nous exposons à donner trop ou trop peu d'importance à cet élément, en présence du carbone contenu dans la substance que nous étudions. Si, par exemple, nous voulons connaître les quantités des différents aliments qui fourniraient les 1200 grains (77.76 grammes) d'azote nécessaires à un homme pour sa nourriture quotidienne, nous trouverons les proportions suivantes :

TABLEAU I.

Proportions des différents aliments nécessaires pour contenir 77.76 *grammes d'azote.*

	Grammes.
Fromage maigre (fait avec du lait écrémé)....	173,73
Viande maigre..........................	402,86
Poisson (à chair blanche)................	429,62
Viande grasse..........................	598,17
Lard gras.............................	883,61
Pain.................................	960,01
Riz..................................	1234,31
Lait frais............................	1896,57
Pommes de terre.......................	3702,87
Panais ou navets..........	6480,00
Bière ou porter........................	77560,00

On a construit de cette manière des tableaux de la valeur nutritive des aliments ; voici un de ces tableaux :

TABLEAU II.

Équivalents de la valeur nutritive, calculés d'après les quantités d'azote contenues dans chaque substance à l'état de siccité, l'équivalent du lait de femme étant représenté par 100.

VÉGÉTAUX.

Riz............	81	Avoine.........	138
Pommes de terre..	84	Pain blanc.......	142
Maïs...........	100	Pain noir........	166
Seigle..........	106	Pois	239
Radis..........	106	Lentilles.........	276
Blé............	119	Haricots.........	283
Orge...........	125	Fèves...........	320

SUBSTANCES ANIMALES.

Lait de femme....	100	Agneau.........	833
Lait de vache. ...	237	Blanc d'œuf......	845
Jaune d'œuf.	305	Homard.........	859
Huîtres..........	305	Raie............	859
Fromage	331	Veau............	873
Anguille.	434	Bœuf............	880
Moules..........	528	Porc............	893
Foie de bœuf....	570	Turbot.........	898
Pigeon..........	756	Jambon.........	910
Mouton..........	773	Hareng.........	914
Saumon.........	776		

J'ai à peine besoin de dire que des comparaisons de cette nature n'ont pas une grande valeur pratique, car elles ne donnent pas d'indications sur le travail digestif nécessaire pour utiliser les produits; et, de plus, nous sommes loin d'être certains, dans l'état actuel de la science, que les éléments azotés de nos aliments soient les plus importants.

C'est pourquoi, en établissant une table d'équivalents alimentaires, il faut tenir compte de tous les principes constituants. J'ai tâché de le faire dans le tableau III, où j'ai indiqué les quantités d'azote et de carbone contenues dans 100 parties de chaque aliment, et le nombre de parties de carbone pour une d'azote. Mais, ici encore, les valeurs réelles de plusieurs composés carbonés sont très-différentes ; car, quoique les pouvoirs engraissants et respiratoires de l'amidon, de la gomme, du sucre, de la pectine puissent être à peu près les mêmes, cependant le pouvoir de la graisse est environ 2,5 fois aussi grand que celui du sucre ; et il faut en tenir compte, indépendamment des autres fonctions de la graisse, quand on veut déterminer la valeur des aliments carbonés.

TABLEAU III.

Valeurs nutritives des aliments.

	Eau	Albumine, etc.	Amidon	Sucre	Graisse	Sels	Total p. 0/0		Carbone pour un d'azote
							Azote	Carbone	
Pain	37	8.1	47.4	3.6	1.6	2.3	8.1	52.6	6.5
Fleur de froment	15	10.8	66.3	4.2	2.0	1.7	10.8	72.5	6.7
Farine d'orge	15	6.3	69.4	4.9	2.4	2.0	6.3	76.7	12.2
Farine d'avoine	15	12.6	58.4	5.4	5.6	3.0	12.6	69.4	5.5
Farine de seigle	15	8.0	69.5	3.7	2.0	1.8	8.0	75.2	9.4
Farine de maïs	14	11.1	64.7	0.4	8.1	1.7	11.1	73.2	6.6
Riz	13	6.3	79.1	0.4	0.7	0.5	6.3	80.2	12.7
Pois	15	23.0	55.4	2.0	2.1	2.5	23.0	59.0	2.5
Arrowroot (fécule)	18	»	82.0	»	»	»	»	82.0	»
Pommes de terre	75	2.1	18.8	3.2	0.2	0.7	2.1	22.2	10.6
Carottes	83	1.3	8.4	6.1	0.2	1.0	1.3	14.7	11.3
Panais	82	1.1	9.6	5.8	0.5	1.0	1.1	15.9	14.5
Navets	91	1.2	5.1	2 1	»	0.6	1.2	7.2	6.0
Sucre	5	»	»	95.0	»	»	»	95.0	»
Mélasse	23	»	»	77.0	»	»	»	77.0	»
Lait frais	86	4.1	»	5.2	3.9	0.8	4.1	9.1	2.2
Crème	66	2.7	»	2.8	26 7	1.8	2.7	29.5	10.9
Lait écrémé	88	4.0	»	5.4	1.8	0.8	4.0	7.2	1.8
Lait de beurre	88	4.1	»	6.4	0.7	0.8	4.1	7.1	1.7
Fromage de Chedder	36	28.4	»	»	31.1	4.5	28.4	31.1	1.1
Fromage maigre	44	44.8	»	»	6.3	4.9	44.8	6.3	0.1
Bœuf maigre	72	19.3	»	»	3.6	5.1	19.3	3.6	0.2
Bœuf gras	51	14.8	»	»	29.8	4.4	14.8	29.8	2.0
Mouton maigre	72	18.3	»	»	4.9	4.8	18.3	4 9	0.3
Mouton gras	53	12.4	»	»	31.1	3.5	12.4	31.1	2.5
Veau	63	16.5	»	»	15.8	4.7	16.5	15.8	1.0
Porc gras	39	9.8	»	»	48.9	2.3	9.8	48.9	5.0
Lard frais	24	7.1	»	»	66.8	2.2	7.1	66.8	9.4
Lard fumé	15	8.8	»	»	73.3	2.9	8.8	73.3	8.3
Foie de bœuf	74	18.9	»	»	4.1	3.0	18.9	4.1	0.2
Tripes	68	13.2	»	»	16.4	2.4	13.2	16.4	1.3
Volaille	74	21.0	»	»	3.8	1.2	21.0	3.8	0.2
Poisson (chair blanche)	78	18.1	»	»	2.9	1.0	18.1	2.9	0.2
Anguille	75	9.9	»	»	13.8	1.3	9.9	13.8	1.4
Saumon	77	16.1	»	»	5.5	1.4	16.1	5.5	0.3
Œuf entier	74	14.0	»	»	10.0	1.5	14.0	10.5	0.7
Blanc d'œuf	78	20.4	»	»	»	1.6	20.4	»	»
Jaune d'œuf	52	16.0	»	»	30.7	1.3	16.0	30.7	1.9
Beurre et graisse	15	»	»	»	83.0	2.0	»	83.0	»
Bière et porter	91	0.1	»	8.7	»	0.2	0.1	8.7	87.0

Il est une autre méthode de détermination de la valeur des aliments : c'est d'estimer les proportions d'azote et de carbone qu'ils contiennent, et de les comparer avec les proportions requises pour un régime normal.

A en juger d'après la quantité minimum de nourriture capable de soutenir l'existence d'un individu ordinaire, sans que sa santé en souffre, il semblerait que 4,100 grains (265,68 gram.) de carbone et 190 grains (12,3 gram.) d'azote sont nécessaires pour son alimentation quotidienne. Ces proportions ont été déterminées d'après un grand nombre d'observations, comme celles qui ont été faites par le docteur Lyon Playfair, dans ses recherches sur le régime des hôpitaux, des prisons et des workhouses, et par le docteur Edward Smith, dans son étude sur les quantités d'aliments avec lesquelles ont pu vivre les ouvriers du Lancashire pendant ce qu'on appelle *la famine du coton*, et aussi dans ses recherches sur le régime des hommes de peine.

Les proportions que le docteur Smith donne comme régime en temps de famine, suffisant tout juste pou ne pas mourir de faim, sont les suivantes :

	Carbone : grammes.	Azote : grammes.
Femme adulte..........	252,72	11,66
Homme adulte..........	278,64	12,96
Moyenne pour un adulte.	265,68	12,31

Ces proportions sont contenues dans 2 livres (746 gram.) et 2 livres 3 onces (840 gram.) de pain ; elles s'accordent exactement avec une autre réunion de faits, déduits d'un examen des quantités de carbone et d'azote exhalés et sécrétés par le corps, dans la santé et dans la maladie.

En prenant ces nombres comme les caractéristiques des valeurs nutritives des aliments, nous pourrons former le tableau suivant :

TABLEAU IV.

Valeurs nutritives des aliments.

	GRAMMES par livre (453.6 gr.)		Valeur par	GRAMMES pour 10 centimes		DÉPENSE hebdomadaire pour le régime du temps de famine	
	carbone	azote	LIVRE	carbone	azote	carbone	azote
Pois cassés	176.9	16.5	0.10	176.9	16.5	1.05	0.52
Farine de maïs	181.4	8.0	0.10	181.4	8.0	1.02	1 08
Farine d'orge	176.9	4.5	0.10	176.9	4.5	1.05	1.90
Farine de seigle	172.4	5.7	0.125	137.9	4.5	1.35	1.90
Farine de blé (deuxieme)	172.4	7.8	0.15	114.9	5.2	1.62	1.66
Farine d'avoine	181.4	9.1	0.20	90.7	4 5	2.04	1.90
Pain de boulanger	129.3	5.8	0.15	86.2	3.9	2.16	2.21
Orge perlé	172.4	5.9	0.20	86.2	2.9	2.16	2.95
Riz	176.9	4.5	0.20	88.5	2.2	2.05	3.80
Pommes de terre	49.9	1.6	0.05	100.5	3.1	1.86	2.77
Navets	15.4	0.8	0.05	30.8	1.7	6.03	5.11
Légumes verts	27.2	0.9	0.05	54.4	1.6	3.41	5.54
Carottes	24.9	0.9	0.10	24.9	0.9	7.48	9.50
Panais	27.3	0.7	0.10	27.3	0.7	6.64	11.08
Sucre	181.4	0.0	0.50	36.3	0.0	5.12	»
Mélasse	142.6	0.0	0.10	142.6	0.0	1.30	»
Lait de beurre	21.7	2.3	0.15	43.4	4.5	4 28	1.90
Petit lait	10.0	0.8	0.125	40.6	3.4	4.58	2.56
Lait écrémé	22.7	2.2	0.10	22.7	2.2	8.22	3.91
Lait frais	24.5	2.3	0.20	12.2	1.2	15 40	7.39
Fromage de lait écrémé	152.2	23.6	0.30	50.7	7.8	3.66	1.10
Fromage de Chedder	163.3	20.4	0.80	20.4	2.5	9.11	3.41
Foie de bœuf	79.4	13.6	0.30	26.4	4.5	7.03	1.90
Mouton	188.0	9.1	0.50	37.6	1.8	4.95	4.75
Bœuf	139.1	13.3	0 80	18.7	1.4	9.96	6.05
Porc frais	191.2	7.0	0.70	27.3	1.0	6.81	8.87
Lard fumé	276.7	6.4	0.90	30.7	0.7	6.05	12.09
Porc frais salé	258.6	5.1	0.80	31.2	0.6	5.83	13.30
Poisson (chair blanche)	57.3	8.4	0.20	29.2	4.2	6.38	2.04
Harengs saurs	93.0	14.1	0.40	23.3	3.5	8.00	2.46
Graisse de rôti	344.8	0.0	0.60	57.5	0.0	3.23	»
Gras de bœuf	305.2	0.0	0.70	43.6	0.0	4.26	»
Saindoux	312.3	0.0	0.90	34.7	0.0	5.36	»
Beurre salé	297.1	0.0	1.20	24.8	0.0	7.51	»
Beurre frais	305.4	0.1	1.60	19.1	0.0	9.76	»
Cacao	254.9	9.0	0.40	63.4	2.2	2.92	3.8
Bière et porter	20.4	0.1	0.10	20.4	0.1	9.11	133.00

Cela posé, nous pouvons procéder à l'examen détaillé des propriétés générales et des qualités nutritives des différents aliments.

En premier lieu, tous nos aliments proviennent directement ou indirectement du règne végétal; car aucun animal n'a la faculté physiologique d'assimiler les éléments minéraux et de les transformer en aliments. Ce que nous pouvons faire au moyen d'agents chimiques dans un laboratoire, est une autre question; mais il n'y a pas dans notre corps de pouvoir capable de produire une pareille transformation. Comme je l'expliquerai par la suite, nos fonctions sont d'une nature toute contraire. Nous sommes faits pour décomposer, et non pour composer. C'est notre lot de détruire ce que les végétaux ont construit, de rompre les affinités que les plantes ont mises en jeu, et de rendre à la nature inanimée la matière et la force cosmique que les plantes lui ont prises en se développant.

Les premiers de nos aliments sont donc ceux qui viennent directement du règne végétal; et, parmi ceux-ci, les plus importants sont les céréales, comme le blé, l'orge, l'avoine, le seigle, le maïs ou blé de Turquie, le riz, le millet et le sarrazin.

Blé. — On en cultive plusieurs espèces; la plus commune dans ce pays-ci est le *Triticum vulgare*, dont il y a deux variétés : le blé d'hiver et le blé d'été.

Le blé varie beaucoup dans sa composition, suivant la saison, le climat et le sol; mais généralement celui des climats méridionaux et des saisons chaudes est plus riche en gluten, et d'une contexture plus dure que celui des climats plus froids. On dit le premier plus riche, quoique le dernier, plus doux et plus tendre, donne une plus grande proportion de farine. Quelques-unes des variétés de blé les plus dures sont employées pour donner du corps à la farine du grain nouveau, dont la manipulation est toujours difficile, et pour améliorer celle des mauvaises saisons et des blés altérés.

La structure du grain de blé est semblable à celle des grains de toutes les céréales; il y a une enveloppe extérieure siliceuse et ligneuse, qui est tout à fait sans valeur comme aliment; puis une couche de matière riche en azote, qui contient un corps digestif appelé *céréaline ;* à l'intérieur se trouve la fleur, qui forme la plus grande partie du grain.

Lorsqu'il est moulu et pris tout entier, il forme la *farine brune*, aujourd'hui très-rarement employée en Angleterre, quoiqu'elle ait été la nourriture ordinaire de nos ancêtres, et qu'elle soit encore fort en usage en Westphalie, pour faire le pain bis appelé *pumper-nickel.* Elle contient de 5 à 12 p. 0/0 de matière qui ne se digère pas, et qui forme le son, dont l'élimination n'est, suivant Liebig, qu'un raffinement de luxe. Cependant, on verra à la page suivante, que le son, d'après M. Poggiale, a des inconvénients.

La pratique actuelle est de bluter ou de tamiser la farine moulue à travers des sas ou des tamis de différents degrés de finesse, et d'en séparer ainsi les parties grossières. Les produits ont des noms différents dans différentes localités, et ils ont aussi des valeurs différentes; mais, généralement, 100 kilogrammes de froment fournissent de 78 à 80 parties de bonne farine. Les autres produits sont environ 2 parties de farine deuxième, de 2 à 3 parties de farine troisième, environ 3 parties de recoupe fine, de 3 à 6 parties de recoupe grossière, et de

4 à 10 parties de son. Leurs valeurs relatives sont à peu près les suivantes :

PRODUITS DU BLÉ.	Kilogrammes par boisseau.	Prix par boisseau.	Prix par kilogr.
		fr.	fr.
Farine première.........	25.5	12.00	4.73
Farine deuxième.........	25.5	9.30	3.93
Farine troisième.........	11.8	2.40	1.98
Recoupe fine............	8.1	1.20	1.46
Recoupe grossière........	6.4	1.00	1.54
Son....................	5.5	0.90	1.65

La farine seconde est la meilleure pour les usages domestiques, et l'on doit en retirer du grain au moins 80 p. 0/0. On a fait souvent des essais pour augmenter ce produit ; car, comme le son contient une bonne quantité de matière azotée, et qu'il est, en outre, riche en matière grasse et en substances salines, on a pensé qu'il y avait perte à le séparer; mais les recherches expérimentales de M. Poggiale, le savant professeur du Val-de-Grâce, ont prouvé que, sur 100 parties de son, il y en avait au moins 50 qui étaient absolument indigestes, et pouvaient passer successivement par les corps de cinq à six animaux sans éprouver d'altération. En outre, elles agissent comme des irritants, et, en entraînant la nourriture dans le canal alimentaire, elles sont probablement une cause de déperdition.

Des individus qui se livrent à un travail pénible, comme les hommes d'équipe des chemins de fer, choisissent pour nourriture le pain le plus blanc, croyant qu'il est, non-seulement le plus facile à digérer, mais le plus substantiel, et qu'il les rendra capables de faire plus de travail. Sans doute, il y a lieu de perfectionner la manipulation de la farine et l'utilisation complète de ses différents principes constituants. M. Mège-Mouriez a inventé un procédé au moyen duquel on peut séparer seulement l'écorce extérieure du blé et obtenir de 86 à 88 p. 0/0 de farine. Ce procédé a été examiné en 1857, et un rapport très-favorable sur lui a été fait par MM. Dumas, Pelouze, Payen, Péligot et Chevreul; mais je ne sais pas s'il a été mis en pratique (1).

M. Mège-Mouriez, a encore appelé l'attention sur le fait que le son contient une partie de matière azotée très-soluble, la *céréatine*, qui est de la nature de la diastase, et qui possède la propriété de dissoudre l'amidon. On peut certainement utiliser cette matière en traitant le son par l'eau chaude, et en faisant ensuite servir l'eau à la fabrication du pain.

La valeur nutritive du blé est indiquée dans les tableaux III et IV; et, quoique la quantité moyenne de gluten y soit portée à 11 p. 0/0, elle peut aller de 8 à 15 p. 0/0; cette dernière proportion est la plus grande qu'on ait trouvée dans la farine de blés de l'Inde, de l'Égypte, de l'Amérique du Sud, et du sud de l'Europe.

Il paraît que la quantité de gluten, représentée par l'azote, augmente quand la farine est plus grossière; il en est de même de la quantité de matière minérale.

(1) Le 15 avril dernier, M. Mège-Mouriez écrivait à l'Académie des Sciences, que son procédé poursuivait lentement, mais sûrement, ses conquêtes, et que, appliqué un jour intégralement, il donnera aux populations le vrai pain normal.

TABLEAU V.

Quantités d'azote et de matière minérale contenues dans 100 parties de mouture.

	Azote.	Matière minérale.
Farine première	1.70	0.71
Gruau premier	1.86	0.99
Gruau deuxième	2.21	1.89
Gruau troisième	2.58	3.80
Dernier gruau	2.44	5.50
Basse farine	2.42	6.50
Son	2.39	7.00
Moyenne dans l'ensemble de la mouture.	1.82	1.62

La proportion d'amidon et de sucre s'élèvent à environ 70,5 p. 0/0, et celle de la matière grasse à 1,7 p. 0/0 ; de sorte que les matières carbonées sont aux matières azotées comme 6,7 est à 1, ce qui est une bonne proportion. D'autres faits relatifs à la valeur nutritive sont indiqués dans le tableau IV.

Une farine est bonne lorsquelle est douce au toucher et qu'elle n'a ni acidité, ni odeur de moisi ; on estime sa valeur nutritive, ou sa richesse en gluten, par le procédé de Beccaria, qui découvrit le gluten dans le blé, il y a plus de cent ans. On fait avec de la farine une pâte épaisse d'un poids donné (par exemple de 30 grammes), on lave cette pâte avec soin dans un petit courant d'eau. Le gluten reste, et, quand on le fait cuire, il se dilate en une boule transparente qui, lorsqu'elle est parfaitement sèche, doit peser environ 3 grammes.

De toutes les préparations de la farine, le pain est la plus importante. Je décrirai plus tard la manière de le faire; mais je ferai remarquer ici qu'il ne doit pas contenir plus de 36 à 38 p. 0/0 d'eau, et que ses autres principes constituants, excepté le sel, doivent être les mêmes que ceux de la bonne farine.

Dans la pratique, 100 livres de farine doivent faire de 133 à 137 livres de pain ; une bonne moyenne est 134 ; de sorte qu'un sac de 286 livres doit fournir 95 pains de 4 livres. Mais le boulanger s'ingénie à augmenter cette quantité, et il le fait en durcissant le gluten par l'action d'un peu d'alun, ou avec une préparation gommeuse de riz, dont 3 ou 4 livres, après avoir bouilli pendant trois ou quatre heures dans autant de gallons d'eau, feront rendre à un sac de farine 100 pains de 4 livres. Mais ce pain est aqueux, il devient mou et s'affaisse sur la base sur laquelle il repose. Un bon pain doit avoir les caractères suivants :

Bonne structure. — C'est-à-dire n'être ni mou, ni sec, ni floconneux.

Saveur et odeur agréables.

Il vaut mieux manger le pain de blé le lendemain du jour où il a été cuit, parce que le pain frais est difficile à mâcher et encore plus difficile à digérer, à cause de sa nature gommeuse. En vieillissant, il ne devient réellement pas plus sec, mais il éprouve un changement moléculaire, et on peut le ramener à son premier état en le chauffant en vase clos, à une température de 100° centigrades.

Le pain de blé est préféré à toutes les variétés de pain, à cause de son bon goût, et parce qu'on peut le manger seul. Les principes nutritifs y sont dans la même proportion que dans le blé, c'est-à-dire dans la proportion de 1 à 6,5, et un peu plus de 2 livres de pain répondent aux besoins d'une journée. Néanmoins, comme je l'expliquerai plus loin, le pain ne peut être pas mangé seul sans détriment pour la santé et pour les forces.

La *farine d'orge* est l'aliment principal de populations nombreuses dans le nord de l'Europe et dans le sud de l'Angleterre, où le salaire de l'ouvrier est en partie de la farine ou du grain. Elle est aussi en usage dans le pays de Galles et en Écosse, surtout pendant l'hiver, quand le pain de blé est cher ; il en est de même pour une grande partie de la population de l'Irlande. Elle forme la nourriture des neuf dixièmes environ de la population agricole de l'Angleterre. Au temps de Charles Ier (en 1626), suivant M. M' Culloch, c'était la nourriture ordinaire du peuple ; et, jusqu'au milieu du siècle dernier, c'est à peine si l'on connaissait le pain de blé dans les comtés du nord de l'Angleterre. Dans le Cumberland, les principales familles n'en mangeaient qu'une petite quantité aux fêtes de Noël ; et la croûte de l'immémorial pâté d'oie, qui ornait la table de chaque famille de la campagne, était faite invariablement de farine d'orge.

Le grain est presque toujours moulu tout entier, et la farine a beaucoup de ressemblance avec celle du froment ; mais la quantité de gluten est très-différente, et la matière azotée, dont la proportion est d'environ 6 p. 0/0, est principalement sous la forme d'albumine, ce qui fait que le pain est lourd et compact, parce que l'albumine ne devient pas spongieuse et ne se gonfle pas comme le gluten. La manière ordinaire de faire le pain avec de la farine d'orge est de la mêler avec une égale quantité de farine de froment ; quelquefois on la mélange avec de la farine d'avoine et de la farine de seigle, et on la cuit en gâteaux. Mais la meilleure manière d'en faire usage est de la manger réduite en bouillie épaisse, que l'on prépare en remuant la farine dans l'eau bouillante.

L'Orge perlé et l'orge d'Écosse sont de l'orge dépouillé de son écorce et arrondi par le broiement. Le premier est préparé avec plus de soin que le second, mais on les emploie l'un et l'autre pour donner de la consistance au potage.

La valeur nutritive de la farine d'orge est un peu inférieure à celle de la farine de froment; mais, comme elle est moins chère, il y a de l'économie à s'en servir; c'est, en effet, l'aliment le moins cher, comme on peut le voir en jetant les yeux sur le tableau IV.

La farine d'avoine et le pain de seigle sont la nourriture principale des domestiques des maisons riches; même maintenant, le premier de ces aliments nourrit les neuf dixièmes des cultivateurs de l'Angleterre, et une proportion plus grande encore de ceux de l'Écosse. Elle est très-riche en gluten et en matière grasse, et elle contient une bonne quantité de sucre et d'amidon, dont la forme microscopique est remarquable. La farine d'Écosse est toujours préférable à la farine anglaise, en raison de sa plus grande valeur nutritive. On la prépare en faisant moudre le grain après l'avoir séché au four et dépouillé de son écorce. La mouture écossaise est un peu plus grossière que la mouture anglaise ordinaire.

La farine d'avoine n'est pas, à beaucoup près, aussi blanche que celle de froment; elle a une saveur particulière, d'abord douce, puis âpre et amère. De même que la farine d'orge, elle ne peut faire du pain spongieux, mais elle fait de bonnes galettes, et on peut la faire lever, comme c'est la coutume dans le Yorskshire, ou la préparer sans levain comme en Écosse.

La manière ordinaire de la faire cuire est de l'agiter dans de l'eau bouillante jusqu'à ce qu'elle ait la consistance d'un pouding cuit à grand feu, et on en fait ainsi un potage; si on la fait ensuite bouillir pendant un peu de temps, elle constitue le bouillon écossais (*brose*). En Irlande, on la mêle avec de la farine de maïs; on l'agite dans l'eau bouillante et l'on fait ainsi le mélange appelé *stirabout*.

Le grain décortiqué constitue le *gruau* d'avoine, et, lorsqu'il est écrasé ou concassé, il prend le nom de *gruau d'Emden*. Il ne sert pas à autre chose qu'à faire la *bouillie de gruau*, qui paraît avoir été le potage favori de nos ancêtres. En effet, dans la *London Gazette* du vendredi 13 août 1695, on annonce qu'il y a toujours de l'eau de gruau prête au café de la Marine, à Birchin-lane, Cornhill, et on ajoute qu'il s'en consomme de quatre à cinq gallons par jour.

L'avoine écrasée se vend en Écosse sous le nom de *graine* (*seeds*), et, lorsqu'elle a trempé dans l'eau pendant plusieurs jours, de manière à devenir un peu aigre, comme la graine éventée des brasseries, on la presse et on en retire un liquide que l'on fait bouillir jusqu'à la consistance de bouillie de gruau; c'est l'aliment appelé *flummery* ou *sowans* en Écosse, et *sucan* dans le sud du pays de Galles. Si on le fait bouillir davantage, jusqu'à ce qu'il devienne épais comme de la gelée, il forme le *budrum* ou *brwchan*, comme on l'appelle dans le pays de Galles. La farine d'avoine est certainement d'une digestion un peu difficile, et elle irrite les entrailles. On a remarqué aussi qu'elle produit de la chaleur et de l'irritation à la peau : autrefois, lorsqu'on n'avait pas grand soin de dépouiller le grain de son enveloppe avant de le moudre, il n'était pas rare de rencontrer dans le canal alimentaire des calculs ou concrétions de phosphate de chaux, mêlés aux fragments de l'enveloppe du grain. On trouve quelquefois des concrétions semblables dans les intestins des chevaux qui mangent trop de son ou d'avoine. La valeur nutritive de la farine d'avoine est indiquée dans les tableaux III et IV, et l'on remarquera que, quoiqu'elle soit, à poids égal, plus nutritive que la farine de froment, cependant, en raison de son prix, elle est peu économique.

La farine de seigle est la nourriture principale des nations du Nord, et elle a été autrefois en grand usage aussi chez nous. On en fait dans le nord de l'Europe un pain de couleur brune et de saveur aigre. Dans ce pays-ci, on la mange très-rarement seule; on la mélange avec deux fois son volume de farine de froment, ce qui forme ce que, dans bien des endroits, on appelle *maslin* et qu'on emploie à faire du pain. La valeur nutritive de la farine de seigle est un peu moindre que celle de la farine de blé, et la matière azotée y est à la matière carbonée dans le rapport de 1 à 9, 4.

Le maïs ou *blé de Turquie* est une des graines les plus répandues dans le monde. Il entre pour une large part dans la nourriture des habitants de l'Amérique, de l'Italie, de la Corse, de l'Espagne, du midi de la France et des principautés danubiennes. Depuis la famine de l'Irlande, il y constitue une bonne partie de l'alimentation, surtout quand les pommes de terre sont chères; mais il a un goût âcre, et ce n'est que la difficulté de se procurer un aliment plus agréable, qui décide le peuple à en faire sa nourriture. Cependant le grain frais, appelé *cob*, a un meilleur goût, et, bouilli dans du lait, il forme en Amérique, un aliment de luxe qui remplace les pois verts.

Cette farine, examinée au microscope, a un caractère particulier, qui sert à la reconnaître. Quoiqu'elle soit riche en matière azotée et grasse, elle ne fait pas de bon pain. C'est pourquoi on la fait cuire sous forme de galettes, ou bien en l'agitant dans de l'eau bouillante ou dans du lait bouillant, comme on fait pour la farine d'avoine, et on la réduit ainsi en bouillie épaisse. C'est la manière dont on la prépare en Irlande, et on l'assaisonne avec du sel, du beurre ou de la cassonade. Les créoles du Honduras préparent de la même manière avec du lait leur mêts favori, appelé *corn-lob*. La farine de maïs, mélangée avec du sucre d'érable et cuite en galettes, formait autrefois la nourriture principale de la race presque éteinte des Indiens de la Delaware.

Lorsqu'on lui a enlevé son gluten et sa saveur âcre au moyen d'une solution faible de carbonate de soude, et qu'ensuite on l'a fait sécher, elle forme ce qu'on appelle *oswego* ou *corn flour*, substance d'un prix élevé, qui est maintenant très-employée pour les poudings.

Enfin on la mélange souvent avec de la farine de froment, et on en fait du pain, mais sa saveur âcre n'est jamais complétement détruite.

On dit que le maïs, lorsqu'on en mange pendant longtemps et sans mélange d'autre farine, cause une maladie, la pellagre, dont les symptômes sont une éruption écailleuse sur les mains, et une grande prostration des forces vitales, maladie dont on meurt au bout d'un an environ, dans un état de maigreur extrême. Ces effets ont été observés fréquemment chez les paysans de l'Italie, qui font du maïs leur nourriture principale ; mais je ne sais pas si des effets semblables se sont produits en Irlande, où souvent le maïs constitue la seule nourriture.

La valeur nutritive du maïs est très-grande, et, si l'on joint à cette considération celle de son prix, on reconnaîtra que c'est pour les pauvres l'aliment le plus économique. D'après un calcul établi sur les besoins physiologiques de l'homme, la nourriture d'une semaine pour un adulte coûterait seulement 95 centimes environ, et, si l'on excepte les pois, qui se digèrent difficilement, il n'y a rien qui lui soit comparable au point de vue de l'économie.

Le *riz* est la nourriture principale des peuples orientaux et méridionaux. On le cultive beaucoup dans l'Inde, dans la Chine, dans l'Amérique du sud, dans les contrées méridionales de l'Europe ; et plus de cent millions d'individus s'en nourrissent. Mais, dans notre pays, on l'emploie rarement, excepté avec d'autres aliments. Quelquefois, dans les temps de disette, il sert en place de pommes de terre. Il est importé dans notre pays tout décortiqué ou mondé; quand il a son enveloppe, on le nomme *paddy*. Les espèces les plus estimées ici sont celles de la Caroline et de Patna; mais, suivant le docteur Watson, il y a plusieurs variétés indiennes qui valent à peu près les variétés américaines. La proportion de gluten contenue dans le riz n'est que d'environ 6, 3 pour cent, et elle va rarement au delà de 7 pour cent. C'est donc une des moins azotées de toutes les céréales, et on ne peut en faire du pain, à moins qu'on ne la mêle avec de la farine de froment, comme on a coutume de le pratiquer à Paris, pour faire le meilleur pain blanc. Le rapport de la matière azotée à la matière carbonée est de 1 à 12. 7, ou près de deux fois ce qu'il est dans le blé. Le riz accompagne donc très-bien les aliments très-succulents, tels que le foie de bœuf, la volaille, le veau et le poisson; il va bien avec tous ces mets. Bouilli avec du lait, et accommodé avec des œufs, comme dans le pouding de riz, il constitue un mets substantiel; mais dans aucun pays on ne le mange seul. .

On réunit sous le nom de millet des grains qui ont entre eux la plus parfaite ressemblance, bien que provenant de plantes différentes, telles que le *sorghum*, la *penicellaria*, le *panicum*, etc. Comme le riz, il est très-cultivé dans l'Inde, en Égypte et dans l'intérieur de l'Afrique, où il constitue une branche importante de l'alimentation. Il est un peu plus nourrissant que le riz; car il contient, en moyenne, 9 pour cent de matière azotée, avec 74 d'amidon et de sucre, 2, 6 de matière grasse et 2, 3 de matière minérale. Dans ce pays-ci, nous n'avons pas expérimenté ses propriétés nutritives, excepté sur les oiseaux; mais, dans les Indes, on le moud et on en met dans le pain.

La dernière sorte de grain de quelque importance est le *quinoa*, espèce de *chenopodium*. Il est à peine connu dans nos contrées; mais on le cultive et on en consomme beaucoup sur les plateaux élevés du Chili et du Pérou. M. Johnston l'a décrit, et il nous apprend qu'il y en a deux variétés, la douce et l'amère, qui croissent l'une et l'autre à 13 000 pieds au-dessus du niveau de la mer, altitude où l'orge et le seigle ne peuvent mûrir. Il est très-nourrissant et, par sa composition chimique, il se rapproche du gruau d'avoine : en effet, la proportion de gluten y est d'environ 19 pour cent, celle d'amidon et de sucre, de 60 pour cent, et celle de matière grasse, de 5 pour cent.

La classe suivante d'aliments farineux comprend les

graines des plantes légumineuses, comme les pois, les haricots et les lentilles de nos contrées, les *dholls* et les *grams* de l'Inde. On les cultive et on en mange dans toutes les parties du monde, et on les regarde partout comme très-nourrissantes, pourvu qu'elles soient aisées à digérer, ce qui ne peut s'obtenir qu'au moyen d'une cuisson très-prolongée. Comme on peut le voir par les tableaux, les graines des légumineuses sont riches en matière azotée; en effet, les pois et les fèves en contiennent environ 23 pour cent, et les lentilles environ 25 pour cent; mais les principes carbonés n'y entrent que dans la proportion de 59 pour cent; le rapport est donc de 1 à 2 1/2, aussi, pour les manger, les accommode-t-on toujours avec des matières grasses. Dans l'Inde, le pois favori (*cajanus indicus*) est bien humecté d'huile avant qu'on ne le fasse cuire. Dans le Yucatan et dans toute l'Amérique centrale, où les haricots noirs, appelés *frijoles*, forment une très-grande partie de l'alimentation, on les fait bien bouillir dans l'eau, et on les mange avec du poivre, du sel et du porc. Dans nos contrées, on fait cuire les pois avec du beurre, et les fèves avec du lard gras. Enfin, des lentilles, moulues avec du cacao, forment une préparation de fantaisie bien connue sous le nom de *révalenta*, et contenant 50 pour cent de matières grasses. La matière azotée des légumineuses n'est pas de la nature du gluten, elle ressemble plutôt à la caséine, ou matière caséeuse du lait; et elle a été nommée *légumine* par Braconnot, qui l'a découverte. Les autres aliments farineux, de peu d'importance pour nous, sont la farine du marron comestible, dont les paysans de la Lombardie font une grande consommation; la farine de *manioc* et de *lotsa*, qui, d'après le docteur Livingstone, forme la nourriture principale des naturels de quelques parties de l'Afrique méridionale; on pourrait ajouter à cette liste le marron d'Inde et le gland, car il y a lieu d'espérer qu'on parviendra à les débarrasser facilement du principe amer qui les rend maintenant inutiles (1).

La classe des aliments farineux comprend les fécules et les *arrow-roots*, qui sont importés en grandes quantités, ou préparés dans notre pays. Nous citerons les *arrows-roots* des *Bermudes*, de la Jamaïque ou des Indes occidentales, extraits de la *maranta arundinacea ; l'arrow-root* des Indes orientales, provenant de différentes espèces de *curcuma ;* le *tous les mois*, de la *canne ; l'arrow-root* du Brésil, tiré du *jatropha manihot ;* desséché et cuit en fragments sur des plaques chaudes, il constitue le *tapioca* et, cuit en masse, il forme le pain *cassava ;* le *sagou* ou *farine de sagou*, tiré du fruit de différentes espèces de *sagus ;* l'*arrow-root de Tahiti*, extrait d'un *tacca ; l'arrow-root* de *Portland*, des tubercules d'un *arum ;* et l'*arrow-root anglais*, extrait *des pommes de terre*. Tous ces aliments s'obtiennent de la même manière : on écrase, on pile ou on râpe la racine ou la substance qui les contient, et, après avoir agité la matière dans l'eau, on laisse déposer la fécule ou la substance féculoïde; on la recueille ensuite sur une toile et on la fait sécher. Dans notre pays, on prépare l'amidon en faisant tremper le grain dans une liqueur alcaline, qui dissout le gluten, et en l'écrasant ensuite entre des meules. Cela fait, on

(1) Dans les contrées méridionales de l'Europe, il y a une variété de gland où n'existe point ce principe amer, et dont les habitants font une assez grande consommation. (N. du T.)

presse pour séparer la pelure et la cellulose, on délaye enfin dans l'eau et on laisse déposer l'amidon. On obtient par ce procédé de préparation une certaine quantité de gluten, que l'on débarrasse de l'alcali par un acide, et que l'on recueille pour servir d'aliment.

Tous les amidons et tous les arrow-roots se reconnaissent à leurs caractères microscopiques; quoiqu'ils aient la même composition chimique, la même valeur nutritive, ils ne se digèrent pas avec la même facilité; les vrais arrow-roots des Indes occidentales, comme ceux des Bermudes et de la Jamaïque, resteront souvent dans l'estomac d'un malade, lorsque les autres seront rejetés.

Ils ne contiennent pas d'azote, ou ils n'en contiennent que des traces, et ils ne sont utiles que par leur carbone. La meilleure manière de les préparer est de les agiter dans de l'eau bouillante ou du lait bouillant, et de les laisser cuire doucement pendant une minute à peu près.

La classe suivante d'aliments végétaux comprend ceux qui contiennent beaucoup d'eau, et qu'on appelle *aliments végétaux aqueux;* la pomme de terre est de tous le plus important.

Apportée chez nous d'Amérique dans le XVIIe siècle, comme une plante rare, par sir Walter Raleigh, elle est devenue un article presque universel d'alimentation ; et ses avantages sont si nombreux qu'elle sera toujours un aliment favori. Elle est, par exemple, d'une culture facile, d'une conservation facile, d'une cuisson facile et d'une digestion facile; en outre, elle ne demande que peu d'assaisonnement, et on ne s'en dégoûte jamais. Aussi est-elle consommée en temps d'abondance par toutes les classes de personnes, et on en mange souvent dans des proportions qui se rapprochent beaucoup de la ration de riz d'un Indou affamé. « En Irlande, » dit le docteur Edward Smith, « lorsque la saison est arrivée et que les pommes de terre sont abondantes, un adulte en consomme trois fois par jour jusqu'à 1,59 kilogrammes; c'est là la ration régulière, et un Irlandais n'éprouve pas de difficulté à consommer ses 4,76 kilogr. de pommes de terre par jour. » En Angleterre, un garçon de ferme en consomme à peine autant en moyenne par semaine. A Anglesea, on mange des pommes de terre deux fois par jour, et la consommation est d'environ 7,48 kilogr. par semaine pour un adulte. En Écosse, la ration moyenne, pour la semaine, est de 6,80 kilogr. par tête.

La valeur nutritive de la pomme de terre n'est pas grande ; car d'abord elle ne contient qu'environ 25 pour cent de matière solide, et à peine 2,1 de matière azotée. Les pommes de terre manquent en outre de matière grasse, il faut, par conséquent leur ajouter des substances nourrissantes. Elles s'allient bien avec la viande et le poisson, et sont très-bonnes avec un peu de beurre ou de jus de viande ; mais leur grand assaisonnement est le lait. En Irlande, les pommes de terre et le lait de beurre sont la nourriture principale, surtout en temps d'abondance.

En raison de leur bas prix, les pommes de terre sont un aliment très-économique. A 5 centimes la livre, comme l'indique le tableau IV, un adulte ne dépense que 2 francs 95 centimes par semaine pour se procurer le carbone et l'azote dont il a besoin; mais, lorsque les pommes de terre sont cultivées sur le terrain d'une chaumière par la femme et les enfants, comme c'est l'usage presque partout, on peut avoir aisément deux kilog. de pommes de terre pour 10 centimes, et alors la nourriture d'une semaine ne coûterait guère que 80 centimes. A ce prix, aucun aliment végétal ne peut rivaliser avec celui-là.

Il est mieux de faire cuire les pommes de terre dans leur peau, car la perte n'est que d'environ 3 pour cent, ou une demi-once par livre; tandis que, si on les pèle d'abord, on ne perd pas moins de 14 pour cent ou de deux à trois onces par livre. Les variétés farineuses se digèrent mieux que celles qui sont compactes et grasses. Dans ce dernier état, où se trouvent les pommes de terre nouvelles, et celles qui, dans l'arrière-saison, ont commencé à germer, il vaut mieux les faire cuire en purée.

Tous les végétaux aqueux sont doués de qualités anti-scorbutiques, mais les pommes de terre sont spécialement renommées pour cette propriété. Dès l'année 1781, sir Gilbert Blanc, dans son ouvrage sur les *Maladies de la Flotte*, fait allusion à l'action bienfaisante de la pomme de terre dans le scorbut, et, depuis cette époque jusqu'à nos jours, on en a observé très-souvent les effets salutaires. Le docteur Baly, dans ses recherches sur les maladies des prisonniers, fait remarquer que le scorbut est inconnu partout où l'on se nourrit de pommes de terre; et il est entré maintenant presque généralement dans la pratique que tous les vaisseaux qui doivent traverser l'Océan, s'approvisionnent de pommes de terre fraîches ou conservées, comme moyen de se préserver du scorbut.

Les autres végétaux aqueux d'un usage commun, tels que les *navets*, les *panais*, les *carottes*, les *artichauts*, les *oignons*, les *poireaux*, les *choux-fleurs*, les *choux* et les *salades*, ont tous à peu près la même valeur nutritive, et cette valeur est bien inférieure à celle des pommes de terre, comme on le verra en se reportant au tableau III. En effet, ils ne contiennent pas plus de 9 à 17 pour cent de matières solides, et seulement 1,2, pour cent environ de matière azotée. Ils sont principalement précieux en raison de leurs propriétés antiscorbutiques, et parce qu'ils relèvent le goût des aliments insipides et tempèrent ceux qui sont trop forts.

La *banane* et le fruit de l'*arbre à pain* sont aussi de précieux comestibles, dont on fait une grande consommation dans les régions tropicales. La première contient environ 27 pour cent de matière solide, presque aussi nutritive que le riz. Environ 2,95 kilogrammes du fruit frais, ou 0,91 kilogrammes de la farine sèche, avec 0,454 de viande salée ou de poisson, forment la ration ordinaire d'un ouvrier. Le fruit de l'arbre à pain constitue en grande partie la nourriture des naturels de l'Archipel Indien, et des îles de la mer du Sud. Il y en a plusieurs variétés, qui viennent à différentes époques de l'année. Il est très-juteux, car il contient environ 80 pour cent d'eau, et on le cueille généralement avant qu'il ne soit mûr, lorsque l'amidon est à l'état de fécule, et qu'il n'a pas été changé en sucre. On prépare le fruit frais en le pelant, l'enveloppant dans des feuilles et le faisant cuire entre des pierres chaudes. Il a alors le goût du pain frais; mais on conserve beaucoup de fruits mûrs en les pelant, les coupant en tranches, les entassant dans des fosses bien étanches et les recouvrant de feuilles de bananiers. Au bout d'un certain temps, ils éprouvent une sorte de fermentation, ou de putréfaction, comme on le dirait d'après leur odeur, et le fruit se transforme en une masse ayant la consistance du fromage mou. Lorsqu'on en a besoin pour la consommation, on le pétrit bien, on l'enveloppe dans des feuilles et on le fait cuire entre des pierres chaudes.

Les fruits frais, comme les *pommes*, les *poires*, les *pêches*, les *ananas*, les *oranges*, etc., n'ont pas beaucoup de valeur nutritive ; car ils contiennent rarement plus de 13 pour cent de matière solide, et celle-ci n'est pas plus nutritive que le riz ; mais ils ont un parfum agréable, et ils servent à préparer des boissons antiscorbutiques.

Algues marines. Partout, le long de nos côtes, on trouve en abondance des substances comparativement nourrissantes qui, avec un peu de préparation, peuvent être rendues agréables. Je veux parler de nos plantes marines; et notre Société des Arts s'est distinguée par ses efforts pour utiliser cette source d'aliments, qui maintenant ne sert presque à rien. Si l'on en juge par l'analyse du docteur Davy et du docteur Apjohn, de Dublin, il semblerait que, lorsqu'elles sont un peu sèches, les plantes marines contiennent de 18 à 26 pour cent d'eau ; et que leur matière azotée s'élève de 9 $\frac{1}{2}$ à 15 pour cent, tandis que l'amidon et le sucre y sont en moyenne dans la proportion de 66 pour cent. Ces résultats placent les plantes marines parmi les plus nourrissantes des substances végétales ; en effet, elles sont plus riches en matière azotée que l'orge et le maïs.

Les variétés de plantes marines actuellement utilisées sont les suivantes :

Porphyra laciniata et *porphyra vulgaris*, que l'on nomme *laver* en Angleterre, *stoke* en Irlande, et *slouk* en Écosse.

Chondrus crispus, appelé *carrageen* ou *irish moss*, et aussi *pearl-moss*.

Laminaria digitata, connue sous le nom de *sea girdle* en Angleterre, *tangle* en Écosse, et *red-ware* dans les Orkneys; et la *laminaria saccharina alaria esculenta* ou *bladder-lock*, nommée encore *hen-ware* et *honey-ware* par les Écossais.

Ulva latissima ou *green laver*, — *Rhodomenia palmata* ou *Halymenia edulis* ou *dulse*, de l'Écosse. Ces plantes, avec plusieurs autres, sont consommées par les habitants des côtes de notre archipel et du continent. Dans quelques parties de l'Écosse et de l'Irlande, elles forment une partie considérable de la nourriture des pauvres.

Pour les préparer, on doit d'abord les faire tremper dans l'eau afin de les débarrasser de la matière saline; dans certains cas, il faut, par un peu de carbonate de soude ajouté à l'eau, leur enlever leur amertume. On les fait alors cuire à l'étuvée dans de l'eau ou du lait, jusqu'à ce qu'elles soient tendres et mucilagineuses; elles sont encore meilleures, assaisonnées avec du poivre et du vinaigre. Autrefois les *lavers* étaient, sous le nom de *sauce marine*, un objet de luxe à Londres.

Je n'ai que peu de choses à dire d'une dernière catégorie d'aliments végétaux, comprenant les *champignons;* car, quoique les variétés comestibles soient très-nourrissantes, on peut à peine les compter parmi les articles d'alimentation. La plupart sont employés comme assaisonnements; notamment le *mousseron commun*, agaric comestible, pour la sauce anglaise appelée Kat-sup ou Ketchup, la *morille* pour la sauce faite avec des jus de viande, et la *truffe* pour dindes et pâtés de foies gras.

Sucre et *cassonade*. Ces deux substances sont généralement d'un usage fort agréable à cause de leur saveur et de leur pouvoir nutritif. Le Dr Edward Smith, a trouvé que, sur cent ouvriers, quatre-vingt-dix-huit consomment du sucre dans la proportion de 212 grammes par semaine, pour un adulte. Parmi les ouvriers écossais, il y en a quatre-vingt-seize sur cent qui en font usage, et, parmi les irlandais, quatre-vingts. Dans le pays de Galles, il s'en consomme en moyenne 170 grammes par adulte dans la semaine; mais il y a sous ce rapport une différence marquée entre le nord et le sud de cette contrée. Dans le nord, la quantité moyenne est de 318 grammes par personne; tandis que, dans le sud, elle n'est que de 85 grammes. On s'en sert principalement pour le thé.

La *cassonade* a plus de goût que le sucre, et elle est moins chère; on en consomme donc une plus grande quantité. Celle qu'on appelle proprement mélasse, et qui s'écoule du sucre brut ou non raffiné (car la cassonade est l'égoutture du sucre raffiné), est préférée parce qu'elle a plus de goût, et elle se vend le plus ordinairement pour de la cassonade. Elles s'allient très-bien l'une et l'autre avec toute sorte d'aliments farineux, tels que potage, pouding, *dumpling* ou pouding lourd, et pain.

Le sucre contient de 4 à 10 pour cent d'eau, et la cassonade, environ 23 pour cent. Le reste est de la matière carbonée, sans azote. Ce sont donc des agents calorifiques et engraissants ; leur propriété, sous ce rapport, est la même que celle de l'amidon. On n'est pas certain qu'ils causent des maladies quand on en use avec excès ; cependant le docteur Richardson affirme qu'ils produisent la cécité en rendant le cristallin opaque (*cataracte*).

Aliments provenant du règne animal. Le premier sur la liste de ces aliments est le *lait*, liquide qui contient tous les éléments de la nourriture nécessaire aux petits enfants, et qui par conséquent est considéré comme le type des aliments.

Dans plusieurs contrées, telles que la Suisse, le lait est la nourriture principale des paysans; et, dans tous les pays, on en consomme de grandes quantités, lorsqu'on peut en avoir aisément. Dans la classe ouvrière de l'Angleterre, 76 sur cent font usage de lait; 83 sur cent le prennent sous la forme de lait de beurre; et 53 sur cent, à l'état de lait écrémé. Dans le pays de Galles, la consommation moyenne de lait par les ouvriers de ferme est de 2,41 litres par semaine pour un adulte; dans le sud du pays de Galles, elle n'est que de 1,70 litres, tandis que, dans le nord du même pays, elle est de 4,25 litres. En Écosse, elle est encore plus considérable dans la classe ouvrière, car elle s'élève par semaine à 3,54 litres par personne; en Irlande, elle va jusqu'à 3,84 litres. Ceux qui en consomment le moins sont les pauvres manouvriers de Londres; les tisserands de Spitalfield, par exemple, n'en consomment que 215 grammes par personne et par semaine; ceux de Bethnal-green dépassent à peine 42 grammes. Lorsqu'on examine le lait au microscope, on le trouve composé de myriades de petits globules de beurre, flottant dans un liquide transparent. Quand on le laisse reposer pendant quelques heures, les particules grasses, s'élevant à la surface, forment la crème, dont la proportion est la mesure de la qualité du lait. Le lait de vache est plus pesant que l'eau, dans le rapport de 1,030 ou 1,032 à 1,000. Le lait d'ânesse est le plus léger; sa densité n'est que d'environ 1,019;

ensuite vient le lait de femme, 1,020; et enfin le lait de chèvre et celui de brebis, qui sont les plus denses de tous, de 1,035 à 1,042.

La qualité du lait varie avec la race de la vache, la nature des aliments qu'elle prend, et le moment où on la trait. Après midi, le lait est toujours plus riche que le matin, et le dernier tiré est meilleur que le premier. En prenant cependant la moyenne d'un grand nombre d'échantillons, on peut dire que le lait de vache contient 14 pour cent de matière solide, dont 4,1 sont de la caséine; 5,2 du sucre ; 3,9 du beurre ; et 0,8 des substances salines. Le rapport de la matière azotée à la matière carbonée est de 1 à 2,2 ; mais, comme la matière grasse est 2 ½ fois plus nourrissante que l'amidon, l'on peut dire que le rapport est comme 1 à 3,6.

Lorsque le lait est chauffé à la température de l'ébullition, la caséine se coagule en certaine quantité ; et, si le lait a été en repos avant d'être chauffé, de sorte que la crème soit montée, le coagulum renferme la crème, et fait ce qu'on appelle la crème caillée de Devonshire ou *clotted-cream*.

Les acides coagulent aussi la caséine, ce qui arrive lorsqu'on fait du fromage, du lait caillé et du petit lait.

La crème est riche en beurre ; car, comme on peut le voir dans le tableau III, elle contient 34 pour cent de matière solide, dont 26,7 sont du beurre ; sa densité est d'environ 1,013.

Le lait écrémé est le lait dont on a enlevé la crème. Il ne contient que la moitié environ du beurre que possède le lait frais, et sa densité est d'environ 1,037. Sous tous les autres rapports, il est semblable au lait frais.

Le lait de beurre est le résidu du lait ou de la crème dont on a enlevé le beurre dans la baratte. Il est encore plus pauvre en matière grasse que le lait écrémé, car il n'en contient guère que moitié autant. A moins qu'il ne soit très-frais, il est généralement un peu acide, et souvent son acidité est assez avancée pour le transformer en une sorte de gelée épaisse.

Le petit lait est la liqueur opalescente d'où l'on a séparé le lait caillé, en faisant le fromage. Quoiqu'il soit peu nourrissant, il retient encore en dissolution un peu de caséine, aussi bien que le sucre et la matière saline du lait. Il est rarement pris comme aliment, et souvent on le donne aux porcs. Cependant, en Suisse, on le considère comme possédant des vertus médicinales, surtout dans le traitement des désordres chroniques des organes abdominaux, et ce mode de traitement, assez à la mode, se nomme *cure au petit lait*. C'est une idée populaire que le petit lait est sudorifique, de là vient que nous avons notre *petit lait au vin*, *à la crème de tartre*, *à l'alun*, *au tamarin*, etc., suivant que le lait a été caillé par l'une ou l'autre de ces substances.

Le *fromage* est le produit coagulé du lait, obtenu par l'addition de fressure (*estomac de veau*) ou d'un peu de vinaigre. Lorsque la crème est coagulée, elle forme le *fromage à la crème*, qui ne peut guère se conserver, et qui doit être mangé frais. Il contient la moitié de son poids de beurre, et seulement le cinquième de son poids de lait caillé.

Lorsqu'on ajoute de la crème au lait frais et qu'on fait cailler le mélange, il forme un fromage très-riche, comme le *double Glowcester* et le *Stilton*.

Lorsqu'on emploie seulement du lait frais, le fromage

est moins riche, mais il est encore d'une très-bonne qualité, comme le *cheddar*.

Lorsqu'on a enlevé un huitième ou un dixième seulement de la crème, on produit un fromage d'une qualité très-recherchée, comme le Glowcester simple, le Chester, l'Américain, etc.

Enfin, quand on a enlevé toute la crème, et que le lait écrémé est caillé, il forme le fromage maigre de Hollande, de Friesland, de Suffolk, du Somersetshire et de la Galles méridionale.

Chaque variété de fromage commence par être douce et comparativement sans saveur; mais, avec le temps, elle éprouve un changement ; sa saveur se développe, et alors on dit que le fromage est mûr.

On voit dans le tableau III l'analyse de deux des fromages les plus importants, et l'on remarquera qu'ils contiennent de 56 à 64 pour cent de matière solide, dont la moitié environ est du caillé. Dans le fromage maigre, le caillé monte à 44,8 pour cent, et la matière grasse, seulement à 3. 6 ; tandis que, dans le Cheddar, le caillé n'entre que pour 2,84 par cent, et la matière grasse pour 31,1. Le fromage occupe donc un rang élevé sous le rapport de ses qualités nutritives, surtout de sa matière azotée, et c'est un aliment précieux. Mais il n'est digestible que dans certaines limites, ce qui fait qu'on ne peut pas en manger en grande quantité. De plus, en raison de son prix, il n'est pas aussi économique que beaucoup d'autres aliments ; néanmoins, dans les lieux où l'on peut acheter le fromage maigre à 25 ou 30 centimes le demi-kilo., il fait, pris en petites quantités à la fois, un bon accompagnement du pain.

Viande. On trouverait difficilement une classe d'individus, si pauvre qu'elle soit, qui ne fasse tous ses efforts pour se procurer de la viande. Elle paraît donc être un élément nécessaire de l'alimentation. Dans la métropole, les artisans en mangent dans la proportion de 42 grammes par semaine, pour un adulte. En Angleterre, parmi les ouvriers de ferme, il y en a soixante-dix sur cent qui en mangent, dans la proportion de 454 grammes par homme et par semaine ; en Écosse, le nombre de ceux qui en mangent est de soixante sur cent ; dans le pays de Galles, il n'est que de trente, et en Irlande, de vingt. Mais l'Écossais a une plus forte ration que l'Anglais, probablement parce que l'ouvrier écossais reçoit du *mouton mort du sang de rate* (*braxy-mutton*) pour salaire ; mais le Gallois n'en mange en moyenne que 71 grammes par adulte et par semaine ; l'Irlandais, encore moins.

Il est difficile d'obtenir un compte exact de la quantité de viande consommée à Londres ; mais, si le calcul du docteur Winter est exact, il ne s'en consomme pas moins de 872 grammes par personne et par semaine, ou environ 125 grammes chaque jour par homme, femme et enfant. A Paris, suivant M. Armand Husson, qui a recueilli avec soin les comptes de l'octroi, c'est un peu plus de 1,389 grammes par personne et par semaine, ou 198 grammes chaque jour. Nous ne sommes donc pas d'aussi grands mangeurs de viande que les Français.

La viande de boucherie varie beaucoup dans ses qualités nutritives, suivant les proportions de gras et de maigre ; et il existe un fort préjugé en faveur du bœuf, dont on considère la viande comme la plus substantielle. Dans la réalité, le maigre de toute espèce de viande a presque la même valeur nutritive, pourvu qu'il soit bien digéré ; mais, sous ce rapport, il présente de grandes différences. La saveur varie aussi avec la nature de l'animal, et la manière dont il a été nourri. La chair du porc des pampas, ou, pour mieux dire, de presque tous les cochons sauvages, a un goût horriblement fort ; mais, avec une nourriture convenable, elle devient délicieuse. Dans les animaux réunis en troupeaux, la proportion de maigre est toujours plus grande que celle du gras, et la matière solide ne s'élève pas à plus de 28 ou 29 pour cent ; mais il n'en est pas de même des animaux qu'on a mis à l'engrais ; car alors le gras est de beaucoup en excès sur le maigre, et les matières solides font environ la moitié du poids total. Mais les procédés d'engraissement tendent à substituer la graisse à l'eau dans le corps de l'animal, tandis que la qualité de la viande dépend du mélange intime de la graisse avec le tissu musculaire. Tous les animaux ne se ressemblent pas dans la manière d'amasser la graisse ; quelques-uns l'accumulent à la surface du corps, et les autres, autour des organes internes. L'habileté de l'éleveur consiste à combattre ces deux tendances, et en même temps à obtenir une graisse qui ne se fonde ni ne s'évapore dans la cuisson. Les aliments oléagineux ont toujours une tendance à produire de la graisse molle.

Les proportions moyennes du gras et du maigre dans la viande proprement dite et dans les abattis, sont indiquées dans le tableau VI, et le tableau III présente la proportion des principales substances nutritives dans les parties les plus usuelles de l'animal. La matière carbonée est évidemment peu abondante dans la viande maigre ; mais on a de quoi y suppléer au moyen du pain et de la pomme de terre, où cet élément domine. Dans la viande grasse, si on considère que la valeur nutritive de la graisse est deux fois et demie celle de l'amidon et du sucre, la matière carbonée excède souvent la juste proportion. Il en est ainsi surtout dans le porc, qu'il est bon d'associer à la viande de lapin, de volaille ou de veau.

TABLEAU VI.

Proportions et valeur nutritive sur cent parties.

	Dans l'animal		Eau		Matière azotée		Graisse		Sels	
	Quartiers	ABATS déchets	Quartiers	ABATS déchets	Quartiers	ABATS déchets	Quartiers	ABATS déchets	Quartiers	ABATS déchets
…fs en troupeaux....	59.3	38.9	60.8	»	18.0	»	16.0	»	5.2	»
…fs demi-gras......	»	»	54.0	39.6	17.8	20.6	22.6	15.7	5.6	4.1
…fs gras...........	59.8	38.5	45.6	52.8	15.0	17.5	34.8	26.3	4.6	3.4
…sses grasses......	55.6	41.3	»	»	»	»	»	»	»	»
…x gras............	63.1	33.5	62.3	64.9	16.6	17.1	16.6	14.6	4.5	3.4
…tons en troupeaux.	53.4	45.6	57.3	63.7	14.5	18.0	23.8	16.1	4.4	2.2
…i-gras............	59.0	40.5	49.7	61.1	14.9	17.7	31.3	18.5	4.1	2.7
….................	»	»	39.7	55.2	11.5	16.1	45.4	26.4	3.5	2.3
…gras..............	61.1	35.8	33.0	45.1	9.1	16.8	55.1	34.5	2.8	3.6
…eaux gras.........	»	»	48.6	58.5	10.9	18.9	36.9	20.1	3.6	2.5
…ons en troupeaux..	79.3	18.8	55.3	67.9	11.0	14.0	28.1	15.0	2.6	3.1
….................	83.4	16.1	38.6	59.4	10.5	14.8	49.5	22.8	1.4	3.0
MOYENNES........	64.1	34.3	48.4	53.8	13.5	17.2	34.4	21.0	3.7	3.0

La quantité d'os dans la viande est variable : elle est rarement inférieure à 8 pour cent. Dans le cou et la poitrine du bœuf, elle est d'environ 10 pour cent, et dans l'épaule et la jambe de devant, elle va au tiers ou même à la moitié du poids total. Les parties les plus économiques sont la culotte, le filet, l'entrecôte et enfin la cuisse. Dans le mouton et ensuite le porc, la cuisse ou gigot est la partie la plus avantageuse, et ensuite l'épaule.

La *viande de cheval* est à peine connue dans ce pays,

excepté comme nourriture des chiens; mais, sur le continent, et surtout en Allemagne, en Belgique et en Suisse, on la vend régulièrement sur les marchés publics, et bien des gens la regardent comme supérieure au bœuf. Nous en avons peut-être mangé souvent sur le continent sans le savoir. Le meilleur *Chateaubriand*, ou double beef-steak de Paris est, dit-on, celui qui est fait avec de la viande de cheval; sans doute que ceux qui fréquentent les restaurants de Paris ont pris goût pour elle sans s'en apercevoir, et l'ont savourée comme du bon bœuf. On raconte dans le *Saturday Review* l'histoire d'un Français qui reprochait doucement à un Anglais son dédain pour le bœuf de France. « J'ai été, » lui dit-il, « deux fois en Angleterre, mais je n'y ai jamais trouvé le bœuf supérieur au nôtre. Je trouve très-bien que vous le serviez sous forme de petits morceaux de filet, mais il ne me semble pas meilleur. »—« Dieu du ciel!» s'écria l'Anglais, rouge d'étonnement, « vous avez mangé de la viande de chat. » Mais sérieusement, je ne vois pas pourquoi la viande de cheval sain ne pourrait pas faire partie de notre alimentation. Elle a en effet plusieurs avocats puissants, au nombre desquels est le grand naturaliste Geoffroy Saint-Hilaire.

La *venaison* et la viande noire des autres animaux sauvages diffère de la viande de boucherie en ce qu'elle est plus maigre, et qu'elle contient plus de sang; mais sa valeur nutritive, lorsqu'elle est convenablement préparée, n'est pas inférieure à celle du bœuf ou du mouton, et elle se digère toujours plus facilement.

Les déchets forment environ un tiers du poids total de l'animal. Ils comprennent le sang, la tête avec ce qu'elle contient, comme la langue et la cervelle; le cœur et les poumons ; les entrailles, comme le diaphragme, le foie, la rate, le pancréas, l'estomac, les intestins et les organes reproducteurs ; les pieds, la queue et la peau. Dans le porc, la peau et la tête sont regardées comme faisant partie de la viande proprement dite.

Presque tous ces abats, convenablement préparés, sont bons comme aliments. Le sang de porc, mêlé avec de la farine et de la graisse, forme du *pouding noir*, qui contient environ 11 pour cent de matière azotée. En nettoyant et faisant bouillir l'*estomac* des jeunes bœufs, on a des *tripes* ou *gras-double*, avec 13 pour cent d'albumine et 16 de graisse. Le *cœur*, les *poumons* et le *pancréas*, qui forment environ 7 pour cent du poids de l'animal sont aussi nourrissants que le maigre de la viande. La tête, surtout celle de bœuf, fait de bonne soupe ; mais il faut la faire bouillir longtemps pour en extraire la partie nutritive. En la faisant bouillir pendant huit ou neuf heures, on en retire le quart de son poids de gélatine ; et en outre la joue du bœuf fournit environ quatre livres de bonne viande. Les os contiennent aussi beaucoup de matière grasse et de matière azotée, qu'on en retire en les concassant et les faisant bouillir pendant plusieurs heures. Six livres d'os valent une livre de viande pour l'azote, et près de deux livres pour le carbone qu'ils contiennent.

Le *lard salé* diffère de la viande fraîche par la quantité relativement grande de graisse et la petite proportion d'eau qu'il contient. C'est un aliment dont l'usage est universel dans les classes ouvrières. Soixante-dix ouvriers de ferme sur cent en consomment dans la proportion de $\frac{1}{4}$ de livre à deux livres par semaine pour un adulte. En Écosse, soixante-neuf personnes sur cent, et en Irlande quarante sur cent en font usage. Il est préféré à la viande de boucherie pour plusieurs raisons; on peut en faire usage d'une manière plus continue, surtout avec les enfants, qui aiment généralement le gras; il a plus de saveur; il cuit plus facilement, et se réduit moins en cuisant; en outre, il se garde plus aisément, et on l'a tout prêt sous la main. On donne presque toujours la préférence au lard anglais, quoiqu'il soit deux fois aussi cher que le lard américain, parce qu'il a un meilleur goût et qu'il se réduit beaucoup moins. L'infériorité du lard américain provient sans doute de la manière d'élever les porcs; ils vivent, en effet, à l'état sauvage et mangent de grandes quantités de gland et de fruits oléagineux. Le bon lard ne doit pas perdre par la cuisson plus de 10 à 15 pour cent.

La valeur nutritive du porc frais et du porc salé est indiquée dans les tableaux III et IV. Ce qu'il y a de remarquable dans ces substances, c'est la quantité de matière carbonée qu'elles contiennent, quantité fort grande relativement à leurs éléments azotés. Calculée sur l'amidon, elle est de 20 à 24 pour 1. C'est pour cela que le lard améliore les substances riches en azote, comme les œufs, le veau, la volaille, les fèves et les pois.

La volaille et la *viande blanche du lapin* ne sont pas par elles-mêmes très-nourrissantes. Elles contiennent trop de matière azotée et trop peu de matière grasse. Dans les oiseaux aquatiques, comme les oies et les canards, la graisse est plus abondante; mais ils contiennent certaines substances aromatisées, qui ne sont pas faciles à digérer. La viande la plus noire du gibier est aussi un peu indigeste, et a besoin d'être soumise à certaines préparations culinaires.

Le *poisson* n'est pas un aliment bien recherché par les classes ouvrières, à moins qu'il ne soit salé ou fumé, et alors il est employé principalement à cause de sa forte saveur. Il y a un préjugé qui veut que le poisson ne soit pas très-nourrissant ; cela vient peut-être de ce qu'il n'apaise pas facilement la faim, et qu'il est promptement digéré ; mais les habitants de nos côtes en font un grand usage.

La valeur nutritive des variétés blanches de poisson, telles que le *merlan*, la *merluche*, la *sole*, la *plie*, le *carrelet* et le *turbot*, est indiquée dans les tableaux III et IV, et l'on remarquera que ces poissons contiennent seulement environ 22 pour cent de matière solide, dont 18 sont de la matière azotée. Il faut donc du beurre pour augmenter leur valeur nutritive.

Le *maquereau*, l'*anguille* et le *saumon* sont plus riches en matière grasse ; le premier en contient environ 7 pour cent ; le dernier, 8 pour cent, et la quantité de matière huileuse de l'anguille s'élève à peu près à 14 pour cent. Il en est de même de la *sardine*, du *hareng*, de l'*anchois*, et de la plupart de nos poissons d'eau douce.

Le poisson se trouve dans les meilleures conditions au temps où il est riche en laitance ; car alors, non-seulement il prend en cuisant un goût savoureux, mais encore sa chair devient ferme et opaque. Dans d'autres circonstances, sa chair est un peu gélatineuse et aqueuse.

Les *crustacés et les coquillages* de toute espèce ont à peu près la même valeur nutritive. Ils contiennent environ 13 pour 100 de matière solide, dont la composition est la même que dans le poisson blanc. Ils diffèrent beaucoup quant à la facilité avec laquelle ils se digèrent : les *homards* et les *écrevisses* se digèrent peut-être un peu plus facilement, et les *huîtres* encore davantage. Ils ne conviennent pas en général à des estomacs délicats, les plus pauvres habitants des côtes en mangent de grandes quantités. Les *escargots*, sur le continent et même les *limaces*, en Chine, passent pour des mets délicats et nourrissants.

Les *œufs* contiennent environ 26 pour cent de matière solide, dont 14 sont de la matière azotée, et 10 ½ de la matière grasse ou carbonée. Le *jaune* est la partie où se trouve la matière grasse; il en contient 31 pour cent, et le *blanc*, qui n'en contient pas du tout, est très-riche en azote ; l'albumine en contient 20,4 pour cent. Somme toute, les œufs sont pauvres en matière carbonée ; calculée comme pour l'amidon, elle n'est à la matière azotée que comme 1,75 à 1. Voilà pourquoi les œufs s'associent bien avec l'huile dans la salade, avec le lard gras, et avec toutes sortes de substances farineuses dans les poudings.

Les corps gras que l'on consomme généralement sont le beurre, le lard et la graisse ou le saindoux. Il y a souvent assez de matière grasse dans les aliments, par exemple dans le lard et la viande grasse ; mais, lorsque cela n'a pas lieu, on y supplée par d'autres substances. Les quatre-vingt-dix-neuf centièmes des ouvriers de ferme font usage de beurre ou de graisse, dans la proportion de 170 gram. par semaine pour un adulte. Il est difficile de dire combien il faut réellement de substance grasse pour le corps humain ; mais, d'après la proportion qu'en contient le lait, il semble qu'il ne lui en faudrait pas moins de 28 pour cent. Les corps gras les plus généralement employés contiennent environ 80 pour cent de matière réellement grasse ; le reste est de l'eau et du sel, et, quoique le beurre soit le corps gras le plus recherché, le saindoux vaut tout autant, ainsi que certains végétaux gras des tropiques. Le *cacao* et le *chocolat* doivent leurs qualités alimentaires principalement à la matière grasse qu'ils contiennent. Le cacao est composé de 50 pour cent de matière grasse solide, appelée beurre de cacao; le chocolat est une préparation agréable faite avec cette substance.

Parmi les liquides qui font partie de l'alimentation, la *bière* et le *porter* occupent le premier rang pour leurs propriétés nutritives. Ils contiennent environ 9 pour cent de matière solide, dont 8 $\frac{3}{4}$ sont du sucre et de la gomme. Suivant Liebig, partout où l'on ne consomme pas de bière ou de porter, il y a toujours une plus grande consommation de pain.

On ne comprend pas bien quel peut être le rôle du thé et du café dans la nutrition; car, quoiqu'on en fasse une grande consommation, comme par un besoin instinctif, leur propriété nutritive réelle est insignifiante. Je traiterai cette question plus loin.

Le dernier principe alimentaire que nous avons à étudier est la matière saline. On peut dire généralement qu'il nous faut des phosphates et des sulfates de potasse, de chaux et de magnésie, et que nous avons besoin de proportions encore plus grandes de sel commun. Dans la plupart des cas, les phosphates et les sulfates sont en quantité suffisante dans les aliments ordinaires; mais M. Lowes a trouvé dans ses expériences sur l'engraissement des animaux que, pour une partie de matière saline contenue dans le corps du cochon, il y en a de 14 à 15 dans ses aliments. Il ne s'ensuit pas de là que toute cette matière soit perdue, car elle remplit probablement des fonctions importantes dans le travail d'assimilation et de sécrétion. Mais il n'y a pas beaucoup de sel commun dans les aliments, et c'est pourquoi il faut leur en ajouter.

Maintenant, avant de quitter cette partie de notre sujet, arrêtons-nous un peu pour considérer le vaste mécanisme mis en jeu pour fournir les aliments à cette métropole. Elle a aujourd'hui plus de trois millions de personnes à nourrir par jour; et pourtant les approvisionnements se font avec tant de régularité, que personne ne songe même qu'ils puissent manquer. D'un autre côté, il n'y a pas de superflu, et, non-seulement ces approvisionnements arrivent régulièrement à la métropole, mais ils sont même distribués à nos portes. On apporte chaque jour dans cette ville environ 4 200 tonnes de poisson; plus de 4 000 moutons; près de 700 bœufs; environ 90 veaux; 4 000 porcs, en y comprenant le lard et les jambons; plus de 5 000 volailles de différentes sortes; de plus, environ un million d'huîtres, et des œufs en quantités innombrables, avec assez de farine pour faire près d'un million de pains de quatre livres; des végétaux, du beurre et de la bière en proportion. « Figurez-vous, » comme le dit l'archevêque Whateley, « un commissaire en chef chargé de fournir régulièrement toutes ces choses au peuple. Comment s'y prendrait-il? » Et cependant tout cela marche avec la régularité et la précision d'une machine, sans l'intervention du gouvernement, ni même de la municipalité, mais simplement par la puissance magique et l'action sans entrave du libre commerce.

DEUXIÈME CONFÉRENCE.

Fonctions des différents aliments. — Leurs propriétés digestives comparées.

Le phénomène de la digestion est d'une nature toute physique et chimique; les fonctions vitales n'y entrent pour rien ; mais les aliments après avoir été triturés, sont soumis successivement à l'influence de dissolvants spéciaux fournis par la salive, le suc gastrique, le suc pancréatique, la sécrétion biliaire et le mucus intestinal ; et tous ces agents sont associés à un grand volume d'eau. La digestion, comme Berzélius l'a remarqué, est une véritable dilution ; car, d'après les recherches de Bernard, de Bidder et de Schmidt, la quantité de fluide sécrétée dans le canal alimentaire et absorbée de nouveau par lui, ne s'élève pas à moins de 13.63 litres en vingt-quatre heures. Voici, en effet, les proportions journalières des différentes sécrétions et de leurs principes solides.

	Matières solides.		Principes actifs.
	Kilogr.	Centigr.	Centigr.
Salive..............	1.61	1496	240 de ptyaline.
Suc gastrique........	6.36	19180	2049 de pepsine.
Suc pancréatique.....	4.00	39993	5008 de pancréatine.
Bile.................	1.61	7987	6953 ferment organique.
Mucus intestinal......	0.21	298	181 *idem.*
TOTAL.......	13.89	68954	14429 de dissolvants spéciaux.

Tous ces agents, par leurs actions dissolvantes spéciales sur les différents principes des aliments, leur enlèvent leurs éléments nutritifs et les entraînent dans la circulation.

2*

Chacun de ces fluides, si abondamment sécrété dans le canal alimentaire, a ses fonctions spéciales.

La *salive*, sécrétée par plusieurs glandes qui ont leur ouverture dans la bouche, est un liquide clair, glaireux, ayant une réaction alcaline légère, excepté quand on est à jeun ; et contenant environ 1 pour cent de matière solide, dont la moitié est une substance organique particulière, appelée *ptyaline* ; le reste est composé de chlorure et de phosphate de soude, avec un peu de carbonate et de sulfocyanate. La ptyaline est une substance azotée, de la nature de la diastase, ferment qui, dans les végétaux, convertit l'amidon en sucre, et c'est pour cela qu'elle a été nommée *diastase animale* par Mialhe, qui la considère comme l'agent principal de la digestion des aliments amylacés. Une partie de ptyaline est capable, suivant lui, de convertir 8000 parties d'amidon insoluble en glucose soluble. La salive n'a d'action chimique ni sur la graisse, ni sur la fibrine, ni sur les corps albuminoïdes ; ses fonctions réelles sont de lubrifier la nourriture pour en faciliter la déglutition, d'entraîner l'oxygène dans l'estomac et de fournir un dissolvant pour l'amidon et la cellulose tendre. Les animaux qui se nourrissent principalement de matières ligneuses, comme les castors, ont des glandes salivaires très-grandes, et tout est disposé pour qu'il y ait un contact prolongé entre la sécrétion et le tissu végétal.

On peut retirer une salive artificielle de graines qui ont fermenté et dans lesquelles la diastase est abondante ; l'*extrait de malt de Liebig* en est un exemple. M. Mège Mouriez ayant découvert que la couche intérieure de l'enveloppe du blé contient un principe digestif azoté, nommé *céréaline*, de la nature de la diastase, M. Morson a tiré parti de cette découverte ; il a extrait la céréaline et l'a combinée avec le sucre, dans une préparation qu'il a nommée *phosphate de blé saccharaté*. Chacune de ces préparations favorise la digestion des matières farineuses.

Le *suc gastrique* est sécrété par la surface entière de l'estomac. C'est un liquide transparent, d'une couleur jaune pâle, d'une saveur salée et acide. Il est plus pesant que l'eau, sa densité étant d'environ 1,020, et il contient de 2 à 3 pour cent de matière solide, dont 1,7 environ appartient à une substance organique azotée remarquable, appelée *pepsine* par Schwann, qui l'a découverte. Sa propriété est de convertir, en présence d'un acide, presque toutes les matières albumineuses et fibrineuses en une forme soluble d'albumine, appelée *peptone* par Lehmann, et *albuminose* par Mialhe. Elle diffère de l'albumine ordinaire par plusieurs propriétés : par exemple, elle est plus liquide ; elle n'est coagulée ni par la chaleur, ni par l'alcool faible, ni par les acides, ni par la plupart des sels minéraux ; elle est lente à se décomposer ; elle est capable d'éprouver la *dialyse*, c'est-à-dire de transsuder à travers les membranes animales, et par conséquent d'être absorbée, ce qui n'a pas lieu pour l'albumine. Son pouvoir digestif est très-grand, car Wasmann a trouvé qu'un acide liquide qui en contiendrait en dissolution seulement une partie sur 60,000, c'est-à-dire environ un centigramme par litre, serait capable de dissoudre de la viande ; et Lehmann assure que 100 parties du suc gastrique d'un chien digéreraient 5 parties d'albumine coagulée.

La nature de l'acide libre dans le suc gastrique est un peu douteuse. Lehmann, qui l'a souvent étudié, dit que c'est de l'acide lactique, mais Schwann assure qu'il y a souvent trouvé de l'acide chlorhydrique libre. Il peut se faire que les chlorures contenus dans l'estomac soient partiellement décomposés par l'acide lactique, et qu'on puisse y rencontrer ainsi de l'acide chlorhydrique. Lorsque l'acide est en trop grand excès, ou en trop faible quantité, l'action digestive est anormale, et Lehmann établit que la proportion la meilleure est celle de 100 parties de suc gastrique exactement neutralisées par 1.27 de potasse.

En raison de l'importance de la pepsine comme agent digestif, sa préparation est devenue une affaire de commerce. En France, on l'extrait de l'estomac du porc en le lavant avec soin, en râclant ensuite la membrane muqueuse molle, en la frottant dans une très-petite quantité d'eau, en filtrant et en précipitant les matières étrangères par de l'acétate de plomb, en filtrant de nouveau et en précipitant ensuite l'excès de plomb par l'hydrogène sulfuré ; après quoi, on laisse reposer ou on chauffe pour chasser l'excès d'hydrogène sulfuré ; puis on filtre encore une fois et, après avoir fait évaporer avec précaution jusqu'à consistance de sirop, on mêle avec de l'amidon sec. En Angleterre, on prépare la pepsine indifféremment avec l'estomac de mouton ou avec l'estomac de porc, en sorte qu'on a de la *pepsine de mouton* et de la *pepsine de porc ;* de plus on évite l'emploi du plomb et de l'hydrogène sulfuré, et on précipite les matières étrangères par l'alcool, car la pepsine est soluble dans l'alcool affaibli.

Les préparations de pepsine de Boudault de Paris, Morson de Londres, etc., contiennent des proportions d'amidon, qui varient de 20 à 50 pour cent ; mais on peut éprouver facilement la puissance digestive de chaque échantillon, en mettant une dose de la préparation dans un petit flacon, avec 88 centigrammes d'eau, en acidulant avec 20 gouttes d'acide chlorhydrique, et ajoutant ensuite 5,5 gr. de tranche mince d'œuf cuit dur, ou le même poids de viande maigre, ou 768 centigrammes de fibrine du sang. En laissant reposer dans un endroit chauffé à la température de 100 à 110 degrés, la digestion sera complète en deux heures. En faisant des essais de cette manière, le docteur Pavy avait trouvé, il y a quelque temps, que presque toutes les préparations en usage étaient inertes ; mais il n'en est pas ainsi maintenant ; car, comme vous le remarquerez, notre digestion artificielle avance rapidement.

La plus forte pepsine se tire, m'a-t-on dit, de jeunes porcs bien portants, qu'on laisse jeûner, et dont on excite alors la faim par des aliments savoureux, qu'on ne leur laisse pas manger. Pendant que ces aliments exercent sur eux la plus forte attraction, et que les animaux répandent les sécrétions au dehors dans l'attente du repas, on les tue en tranchant la moelle épinière avec un canif.

La pepsine, comme la diastase, est rendue inerte par une température de 49° à 54° ; par conséquent, des boissons très-chaudes après un repas sont nuisibles.

Le *suc pancréatique* est une sécrétion du pancréas. Jusqu'à ces derniers temps, les véritables fonctions du suc pancréatique n'ont pas été bien déterminées. C'est un fluide incolore, dont la densité est 1.008 ou 1.009. Comme la salive, il est généralement un peu alcalin, et il contient environ 1.3 pour cent de matière solide, dont un huitième est une substance organique azotée, de la nature de la ptyaline ou de la diastase, et qu'on appelle pancréatine.

Il y a plus de vingt ans, M. Claude Bernard a prouvé, ce que Valentin avait soupçonné longtemps auparavant, que le suc pancréatique jouait un rôle dans la digestion des matières grasses ; mais il s'est trompé en supposant que son action était de saponifier la graisse, et de mettre la glycérine en liberté. La véritable action de la sécrétion pancréatique est évidemment de diviser les gros granules, les cristaux et les globules de graisse, en des myriades de particules de 0mm,0085 à 0mm,0017 de diamètre. De cette manière, la graisse est émulsionnée, et convertie en un liquide laiteux qui se mêle facilement à l'eau, et qui passe, à travers les tissus des intestins, dans les vaisseaux lactifères. Nous devons la connaissance de ce fait au docteur Dobell, qui pensait depuis longtemps que les fonctions du pancréas étaient importantes dans certaines maladies, et avaient besoin d'être éclairées. Avec l'aide de M. Julius Schweiter, de Brighton, qui était alors directeur du laboratoire de MM. Savory et Moore, il a fait une longue série de recherches sur les propriétés de la sécrétion pancréatique, et il a trouvé que, lorsqu'on broie dans un mortier le pancréas frais (le meilleur est celui du cochon) avec deux fois son poids de lard, celui-ci s'émulsionne très-rapidement ; en ajoutant un volume d'eau quatre ou cinq fois environ aussi grand, et en passant à travers une mousseline, on obtient un liquide laiteux épais, qui a la consistance de la crème, et qui se solidifie graduellement. Traitée par l'éther, la graisse pancréatisée se dissout ; et, lorsqu'on sépare l'éther par la distillation, la graisse pancréatisée se trouve purifiée et peut encore se mêler à l'eau. En effet, mélangée à quatre ou cinq parties d'eau, elle forme une émulsion ou crème, employée en médecine, comme fortifiante, par petites doses d'une cuiller à thé.

Les propriétés du suc pancréatique ont été bien décrites par le docteur Dobell, dans un mémoire important lu récemment à la Société royale de Londres. Il paraît que ce liquide n'a pas seulement la propriété remarquable d'émulsionner l'huile et la graisse, et de les rendre ainsi capables d'être absorbées; mais qu'il a encore le pouvoir de dissoudre l'amidon en le transformant en glucose. Sous ce rapport, son action est semblable à celle de la salive, mais elle est bien plus énergique; car, à l'état frais, une partie de pancréas dissout huit parties d'amidon; et, même après qu'il a émulsionné de la graisse, il peut dissoudre encore deux parties d'amidon. C'est donc un agent puissant de digestion pour la graisse, l'amidon et la cellulose fraîche; mais son action est faible ou nulle sur les substances albumineuses.

La *pancréatine* s'obtient en traitant le pancréas frais par l'eau; en faisant évaporer avec précaution la solution jusqu'à consistance de sirop, puis l'incorporant à la farine de malt.

Peut-être que le pancréas séché, pulvérisé et mélangé avec le malt, formerait une préparation plus forte.

La *bile* est un liquide complexe, consistant en acides biliaires (*taurocholique*, *glycocolique*, etc.), combinés avec la soude. Sa réaction est légèrement alcaline; elle contient environ 14 pour cent de matière solide, dont 12 au moins sont de nature organique.

La vraie fonction de la bile est inconnue; peut-être aide-t-elle à neutraliser dans l'estomac la peptone acide; peut-être aussi contribue-t-elle à émulsionner la graisse; il se peut enfin qu'elle aide à la digestion des amylacés. Lehmann pense qu'elle est un résidu riche de la production des globules du sang dans le foie, et qu'elle est sécrétée dans le canal alimentaire, seulement pour être absorbée de nouveau dans le sang. M. Lee pense aussi, d'après l'examen qu'il en a fait dans le foie de fœtus, qu'elle sépare du sang de la veine-porte du foie, un élément très-nutritif élaboré plus tard dans les intestins. Après tout, il est incontestable que ses fonctions sont obscures.

Enfin, la *sécrétion intestinale* exsudée tout le long de l'intestin grêle est, d'après les recherches de Bidder et de Schmidt, un agent puissant de la digestion ; car elle réunit l'activité et le pouvoir digestif de toutes les autres sécrétions ; l'amidon, la graisse et les substances albumineuses sont toutes également bien digérées par elle.

Ainsi donc, les aliments, amenés au contact de ces dissolvants spéciaux, et imprégnés abondamment de fluide, cèdent leurs principes nutritifs. Mais, si merveilleuse que soit cette disposition pour la digestion des aliments, une partie considérable de matière utile traverse les boyaux sans subir d'altération ; car de la cellulose, des globules d'amidon et de la fibrine sont les principes constituants ordinaires des résidus de la digestion. Le Dr Lyon-Playfair dit que, chez un homme adulte qui a fait une bonne digestion, $\frac{1}{12}$ de l'azote de la nourriture passe dans ces résidus ; d'autres ont calculé qu'il y en avait $\frac{1}{8}$. A l'état sec, les excréments de l'homme contiennent environ 6.5 pour cent d'azote, et, à l'état frais, 1.7. Il a été reconnu par les expériences de Ranke, que l'azote des matières fécales est à celui de l'urine comme 1 est à 12.5. Une bonne quantité de cet azote provient sans doute des sécrétions qui ont fait le travail de la digestion, et qui sont ainsi devenues inactives. En effet, le docteur Marcet pense que les déjections alvines sont composées principalement du résidu des substances albumineuses qui ont été sécrétées dans les intestins par le travail de la digestion. Chez les individus ordinaires, elles s'élèvent de 103 à 156 grammes par jour. Wehsurg dit 130 grammes; Liebig, 156 grammes; Lawes, 119 pour un adulte d'un âge moyen, et 176 pour une personne qui a passé 50 ans. La quantité moyenne pour les adultes mâles est de 119 grammes, et pour les adultes femelles de 37 grammes; et, calculées à l'état sec, elles montent à environ 31 grammes par jour. Mais il semble que, lorsqu'on use d'aliments indigestes et irritants, la quantité des déjections augmente, comme si la nourriture avait été rapidement entraînée à travers les intestins sans avoir été digérée. A la prison de Wakefield, par exemple, on a trouvé que, lorsqu'on donnait aux prisonniers du pain bis qui contenait le son, le poids des déjections était de 198 grammes par jour pour une personne; et le même fait a été observé à la prison de Coldbath-Fields.

Avec cet exposé général des fonctions digestives des différentes sécrétions versées dans le canal alimentaire, nous sommes préparés à étudier les propriétés digestives des aliments.

Les *substances azotées*, ou *protéiques*, ou *albumineuses*, qui constituent les principaux articles de l'alimentation, sont évidemment digérées par le suc gastrique et le mucus intestinal. Elles sont converties, dans le premier cas, en peptones acides, dont, suivant Lehmann, il y a plusieurs variétés, comme l'*albumino-peptone*, la *fibrino-peptone*, la *caséino-peptone*, la *gélatino-peptone*, etc., etc.

Parmi ces substances, l'albumine fluide est celle qui se transforme le plus facilement; puis l'albumine coagulée; puis la fibrine; puis la caséine; et enfin les dérivés de l'albumine, savoir : la gélatine, la chondrine et les cartilages. Les formes tégumentaires de l'albumine, telles que les poils, la laine, les plumes, etc., sont absolument indigestes. Comme exemple de l'impossibilité où sont les poils d'être digérés, nous citerons une boule de poils retirée intacte du canal alimentaire d'une vache, et qui provenait du veau que la vache avait l'habitude de lécher. Les serpents et les autres animaux qui avalent leur proie tout entière, digèrent les tissus mous et les os, mais ils rejettent les poils et les plumes sans qu'ils soient en rien altérés.

Il est difficile de parler des propriétés digestives comparées des différents aliments azotés; car les expériences bien connues du Dr Beaumont sur le Canadien qui avait une ouverture fistuleuse dans l'estomac, et même les expériences faites dans des flacons avec de la pepsine, ne représentent pas les conditions complètes et naturelles de l'opération; il y a maintenant sans doute de grandes différences dans la digestibilité des différentes substances animales. Le Dr Beaumont a trouvé dans ses recherches que les pieds de cochon marinés et les tripes marinées étaient, de tous les aliments, les plus faciles à digérer, et les tendons de viande, les plus difficiles. Voici les temps qu'il donne pour la chymification des différents aliments animaux :

Aliments.	Manière dont ils sont préparés.	Temps employé pour la chymification·	
Pieds de cochon (marinés).	bouillis. . .	1 h.	00 m.
Tripes (marinées).	id. . . .	1	»
Œufs (battus).	crus.	1	30
Truite saumonée.	bouillie. . .	1	30
Tranche de venaison. . . .	grillée. . . .	1	30
Cervelle.	bouillie. . .	1	45
Foie de bœuf.	grillé. . . .	2	»
Morue (sèche).	bouillie. . .	2	»
Œufs.	à la coque. .	2	15
Dinde.	bouillie. . .	2	25
Gélée.	id. . . .	2	30
Oie.	rôtie.	2	30
Cochon de lait.	id.	2	30
Agneau.	grillé. . . .	2	30
Poulet.	fricassé. . .	2	45
Bœuf.	bouilli. . . .	2	45
Bœuf.	rôti.	3	»
Mouton.	bouilli. . . .	3	»
Id.	rôti.	3	15
Huîtres.	cuites à l'étuvée	3	30
Fromage.	cru.	3	30
Œufs.	bouillis durs	3	30
Id.	sur le plat .	3	30
Bœuf.	id	4	»
Volaille.	bouillie. . .	4	»
Id.	rôtie.	4	»
Canard.	id.	4	»
Cartilage.	bouilli. . . .	4	15
Porc.	rôti.	5	15
Tendon.	bouilli. . . .	5	30

Il est douteux que le fromage ou les tendons soient jamais digérés autrement qu'en petite quantité : et il est évident, d'après ces expériences, comme je l'expliquerai plus tard, que le mode de préparation a une influence considérable sur la digestibilité des aliments.

Ici se présente une question curieuse : Pourquoi l'estomac ne se digère-t-il pas lui-même, puisqu'il appartient à la classe des substances les plus faciles à digérer, comme le gras-double ? Hunter l'explique par l'action d'une force protectrice qu'il attribue à la vitalité ; car, après la mort, l'estomac se digère lui-même avec les aliments qu'il renferme : mais les expériences de Bernard et de Pavy ont prouvé que ce n'était pas là l'explication exacte. En effet, si l'on introduit des cuisses de grenouilles vivantes ou des oreilles de lapins vivants dans l'estomac d'un chien, par une ouverture fistuleuse faite à son côté, il les digère comme les autres substances protéiques. Liebig a supposé que la propriété protectrice était dans le mucus épais qui revêt l'estomac ; mais Pavy ayant dénudé une partie des parois intérieures de l'estomac d'un chien, a trouvé que les tissus n'étaient pas digérés, que, au contraire, ils guérissaient rapidement : il pense donc que la propriété protectrice est dans l'état alcalin du sang, qui circule si librement dans les vaisseaux capillaires de l'estomac pendant la digestion.

Les *substances amylacées* et la *cellulose* sont digérées par la ptyaline de la salive, et la pancréatine du suc pancréantique, comme aussi par la diastase animale du mucus intestinal. La dissolution s'opère par la conversion de l'amidon et de la cellulose en une forme inférieure du sucre, appelée *glucose*, qui est facilement absorbée dans la circulation, ou qui se transforme en acide lactique, dont la fonction est si importante dans la digestion des matières azotées. Le temps nécessaire pour la digestion des différentes substances végétales a été déterminé par le Dr Beaumont. En voici le tableau :

Aliments.	Manière de les préparer.	Temps nécessaire à leur chymification.	
Riz	bouilli	1 h.	0 m.
Pommes (douces et mûres)	crues	1	30
Sagou	bouilli	1	45
Tapioca	id.	2	»
Orge	id.	2	»
Pommes (aigres et mûres)	crues	2	»
Chou avec du vinaigre	cru	2	»
Fèves	bouillies	2	30
Gâteau de Savoie	cuit au four	2	30
Panais	bouillis	2	30
Pommes de terre	cuites sous la cendre	2	30
Id.	cuites au four	2	33
Pouding aux pommes	bouillies	3	»
Gâteau de maïs	cuit au four	3	»
Pain de maïs	id.	3	15
Carottes	bouillies	3	15
Pain de blé	cuit au four	3	30
Pommes de terre	bouillies	3	30
Navets	id.	3	30
Betteraves	id.	3	45
Choux	id.	4	»

On voit par ce tableau que le temps nécessaire pour la digestion d'une substance est en proportion de la quantité de cellulose ou de tissus ligneux contenus dans cette substance. Il y a sans doute une dissolution plus complète de ces matières dans l'intestin grêle, où le suc pancréatique et le mucus intestinal, aidés de l'état alcalin des fluides, exercent la plus grande action sur elles; mais il est très-douteux que l'homme digère la cellulose dure et la matière ligneuse. MM. Lawes et Gibert pensent même, d'après leurs expériences sur l'engraissement des animaux, que le cochon digère peu ou ne digère pas du tout ces substances, quoique son pouvoir digestif soit singulièrement actif. L'amidon cru parcourt une longueur considérable du canal alimentaire de l'homme sans éprouver de changement, et ce n'est que vers l'extrémité de l'intestin grêle que les granules d'amidon éprouvent une désagrégation marquée. Les animaux qui se nourrissent entièrement de végétaux ont toujours un appareil destiné à tenir longtemps les aliments en contact avec les sécrétions. C'est la panse chez les ruminants, le jabot chez les oiseaux, le grand cœcum chez les lapins et les autres rongeurs, et, chez tous, un long canal alimentaire; mais, malgré tout, une grande partie des tissus végétaux passe par les intestins sans éprouver d'altération. Les procédés culinaires, la trituration et les autres moyens de désagréger les tissus aident considérablement à la digestion des substances végétales.

La *gomme* et la *pectine* ne sont probablement pas digérées du tout; et, comme elles ne sont point altérées par le contact des sécrétions, et qu'elles n'éprouvent pas de dialyse ou d'absorption, elles doivent passer par le canal alimentaire sans servir en rien à la nutrition.

Les *matières grasses* sont digérées par l'action émulsionnante du suc pancréatique; et, divisées de cette manière en globules extrêmement petits, elles sont librement introduites dans les vaisseaux lactés. On voit, en effet, des globules de graisse émulsionnés recouvrir les papilles des intestins, traverser leurs tissus, pénétrer dans le tissu cellulaire sousjacent, et s'introduire ainsi dans les vaisseaux lactés ; l'action péristaltique des intestins contribue sans doute beaucoup à produire cette émulsion.

Les *substances salines* sont généralement solubles dans l'eau, et sont par conséquent facilement absorbées ; mais, lorsque cela n'a pas lieu, comme pour les phosphates terreux, elles sont attaquées par les principes acides du suc gastrique.

Ici, nous pouvons remarquer que les grands moyens de faciliter la digestion sont les suivants :

1° Choix convenable d'aliments, d'après le goût et la faculté digestive de l'individu ;

2° Grand soin dans la manière de les préparer, de les assaisonner et de les servir ;

3° Variété, tant dans la nature des aliments que dans leur préparation, de telle sorte que l'appétit ne fasse jamais défaut ;

4° Exercice, animation et bonne disposition.

Fonctions des aliments. — Quoiqu'on se soit beaucoup occupé de l'importante question des fonctions tant immédiates qu'ultérieures des aliments, cependant il faut reconnaître que les difficultés de la question n'ont pas été résolues, et que nous sommes à peine en état de préciser les phénomènes qui interviennent incidemment dans la transformation des aliments Nous pouvons voir assez clairement que leur destinée finale est la manifestation de la force, — dernier résultat des agents cosmiques qu'elles renferment, — lorsqu'en s'oxydant, ils retournent plus ou moins complétement à leurs formes primitives : acide carbonique, eau et ammoniaque. Mais comment et où ces changements s'opèrent-ils ? Quels sont les phénomènes subsidiaires et les fonctions qui y concourent, outre celles du mouvement commun et de la chaleur animale ? C'est ce qui nous est encore à peu près inconnu. Nous ne sommes pas non plus suffisamment instruits des attributs spéciaux des principales substances qui constituent les aliments, telles que les substances albumineuses, grasses, farineuses, saccharines et salines ; car, quoique l'on ait généralement admis les opinions bien connues de Liebig sur les fonctions dynamiques ou productives de force, des éléments azotés ou plastiques de la nourriture, et sur les propriétés thermiques ou respiratoires de ses éléments carbonés, cependant il est de nombreuses raisons de croire que ces deux classes d'aliments peuvent l'une et l'autre remplir exactement les mêmes fonctions relativement au développement de la force ; il est même plus que probable que les principes azotés ou plastiques des aliments peuvent, comme les principes carbonés, être oxydés et consumés dans les corps vivants, sans entrer dans la composition des tissus. Sous ce rapport, il existe de profondes divergences dans les opinions formulées sur la théorie de Liebig.

Cependant, en nous bornant aux éléments premiers de la nourriture, nous atteindrons mieux, peut-être, le but que nous nous proposons, si nous étudions d'une manière générale les différentes fonctions de l'eau, des composés albuminoïdes, des substances grasses, des matières farineuses et saccharines, et des sels minéraux.

1° L'*eau* est incontestablement d'une grande valeur physiologique ; car les tissus musculaires des animaux en contiennent jusqu'à 75 pour cent; et, sur 7 1/2 kilogr. de sang que contient le corps d'un adulte de taille moyenne, 5 1/2 kilog. environ sont de l'eau. On a encore calculé que, chaque jour, 11 kilogr. au moins de fluide sortent du sang et du canal alimentaire et y rentrent par sécrétion et par absorption. Bidder estime, en effet, que 10 1/2 kilogr. environ de chyle et de lymphe sont entraînés chaque jour dans la circulation par le seul conduit thoracique, et cette quantité de fluide forme environ le huitième du poids total du corps d'un homme adulte. En outre, pour ce qui regarde les excrétions, l'on trouve un peu plus de 373 gram. d'eau exhalée par la respiration, environ 652 grammes par la peau, et pas moins de 1 kilogramme 263 grammes sécrétée par les reins, ce qui fait en tout environ 4 kilogrammes par jour pour un adulte.

Ces résultats indiquent l'importance de l'eau dans les fonctions du corps animal. Elle sert en effet à dissoudre les aliments; à les entraîner dans la circulation; à en opérer la distribution dans tout le système; à dissoudre les matières épuisées, comme les principes métamorphosés des tissus usés, et à les expulser ainsi du corps; à établir l'activité chimique nécessaire pour la nutrition et le déperdition; à se combiner mécaniquement avec les tissus et à les lubrifier, de manière qu'ils puissent accomplir leurs fonctions; enfin à entretenir l'évaporation par les voies aériennes et par la peau, et à maintenir ainsi la température qui convient au corps.

2° On pensait autrefois, et on a cru jusqu'à ces derniers temps, que les seconds principes constituants de notre nourriture, c'est-à-dire les *matières albuminoïdes*, *azotées* ou *plastiques*, n'avaient pour fonction que de construire et réparer les parties musculaires du corps;

qu'une fois entrés dans la composition des tissus, leur oxydation et leur décomposition étaient accompagnées des manifestations de la force, qui est la puissance active de la machine animale. « Nous voyons, dit Liebig, que, comme effet immédiat de la manifestation de la force mécanique, une partie de la substance musculaire perd ses propriétés vitales, — son caractère de vie ; — que cette partie se sépare de la partie vivante, et perd la faculté de croître, avec sa force de résistance. Nous trouvons que ce changement de propriétés est accompagné de l'introduction d'un corps étranger (l'oxygène) dans la composition de la fibre musculaire ; et toutes les expériences prouvent que la conversion de la fibre musculaire vivante en des composés privés de vitalité, est accélérée ou retardée suivant la quantité de force employée pour produire du mouvement. On peut affirmer hardiment que ces deux quantités sont proportionnelles ; qu'une transformation rapide de la fibre musculaire, ou, comme on peut l'appeler, un changement rapide de matière, détermine une quantité plus grande de force mécanique ; et réciproquement, qu'une quantité plus grande de mouvement mécanique (de force mécanique dépensée en mouvement) détermine un changement plus rapide de matière. » Il remarque ensuite que « la quantité d'aliments azotés nécessaire pour rétablir l'équilibre entre ce qui est dépensé et ce qui est acquis, est directement proportionnelle à la quantité de tissu métamorphosé ; que la quantité de matière vivante qui, dans le corps, perd les conditions vitales, est, à égalité de température, directement proportionnelle aux effets mécaniques produits dans un temps donné ; que la quantité de tissu métamorphosé dans un temps donné peut être mesurée par la quantité d'azote contenue dans l'urine » ; et « que la somme d'effets mécaniques produits dans deux individus, à la même température, est proportionnelle à la quantité d'azote contenue dans leurs urines; soit que la force mécanique ait été employée à des mouvements volontaires ou involontaires ; soit qu'elle ait été dépensée par les membres ou par le cœur et d'autres viscères. » Telle est la grande synthèse de Liebig. Elle tend à montrer que, non-seulement l'action dynamique du corps animal dépend entièrement de la transformation du tissu musculaire, et peut être mesurée par la quantité d'azote excrété sous la forme d'urée; mais aussi qu'aucune oxydation de matière azotée ne peut avoir lieu sans qu'elle ait passé de l'état d'aliment à celui de tissu, et sans qu'elle devienne ainsi une matière organisée. D'après cette théorie, la force mécanique de la machine humaine provient entièrement de sa propre combustion, et non de l'oxydation des matières contenues dans la nourriture.

Il y a quelque temps, on a élevé des doutes sur l'exactitude de cette théorie. Ces doutes des physiologistes ont été fortifiés par cette observation, qu'on peut exécuter beaucoup de travail en peu de temps sans faire usage d'aliments azotés, et que, tandis qu'il y a toujours une relation entre la quantité d'azote contenu dans les aliments et la quantité d'azote excrété à l'état d'urée, il n'y a pas de relation semblable entre les actions dynamiques du corps et les proportions d'urée. En effet, Moritz Troube a affirmé, en 1861, après un examen rigoureux de la question, que toute la force musculaire dérivait de l'oxydation de la graisse et des hydrocarbures, et qu'il n'en dérivait point de l'oxydation des tissus. Haidenham, en 1864, est arrivé à une conclusion semblable ; et Donders pense, de son côté, que la transformation des tissus ne pourrait rendre raison de toute la force du corps animal.

L'hypothèse de Liebig a été ensuite ébranlée par les recherches du Dr Edward Smith, qui a prouvé que les proportions d'azote contenues dans l'urine n'augmentaient pas par l'exercice, quoique la quantité d'acide carbonique exhalé des poumons augmente. Mais la preuve la plus convaincante de la fausseté de l'hypothèse en question, a été fournie en 1866 par les expériences du Dr A. Fick, professeur de physiologie à Zurich, et du Dr J. Wislicenus, professeur de chimie dans la même ville.

Le 29 août de ladite année, ils se sont préparés à faire l'ascension du Faulhorn, montagne des Alpes Bernoises, qui s'élève à 956 mètres au-dessus du lac de Brientz. Pendant les dix-sept heures qui ont précédé leur départ, ils n'ont pris d'autre nourriture solide que des gâteaux composés d'amidon, de graisse et de sucre; et, à cinq heures et demie du matin, ils ont commencé à monter, en choisissant les sentiers les plus escarpés qui partent du petit village d'Iseltwald sur le lac de Brientz. A une heure vingt minutes après midi, ils avaient accompli leur ascension sans fatigue, et, depuis ce moment jusqu'à sept heures du soir, ils se sont reposés à l'hôtel, au sommet de la montagne. Pendant tout ce temps (une durée de trente et une heures), ils n'ont pris d'autre nourriture que des biscuits non azotés; mais, à sept heures, ils ont fait un bon repas de viande, etc.

L'urine a été recueillie à quatre intervalles, savoir :

1° De 6 h. du soir à 5 h. du matin du 30 ; et ils l'ont appelée *urine de nuit*.

2° De 5 h. du matin du 30 à 1 h. 20 m. après midi ; et ils l'ont appelée *urine de travail.*

3° De 1 h. 20 m. du soir à 7 h. du soir, et ils l'ont appelé *urine après le travail.*

4° De 7 h. du soir du 30 au matin du 31, et ils l'ont appelée *urine de nuit.*

Toutes ces urines ont été analysées pour la détermination des quantités d'azote, et voici les résultats obtenus.

	AZOTE SÉCRÉTÉ PAR			
	FICK		WISLICENUS	
1° Urine de nuit.	6,915 gram.		6,984 gram.	
2° Urine du travail. . .	3,313	5,742	3,134	5,550
3° Urine après le travail.	2,429		2,416	
4° Urine de nuit.	4,817		5,346	

Ainsi, non-seulement ils ont pu faire le travail sans aliments azotés, mais la quantité d'azote excrété a été moindre pendant le travail qu'avant ou après. En calculant même l'azote sécrété par heure, on trouve :

	AZOTE SÉCRÉTÉ PAR HEURE	
	FICK	WISLICENUS
Pendant la 1re nuit.	0,630 gr.	0,610 gr.
Pendant le temps du travail.	0,410	0,390
Pendant le repos après le travail. .	0,400	0,400
Pendant la 2e nuit après le travail.	0,450	0,510

Le travail qu'ils ont fait a été évalué de cette manière : — Fick pesait 66 kilog. ; et Wislicenus, 76 kilog. ; et, comme ils sont montés à la hauteur de 1 956 mètres, il est clair que Fick a élevé 129 096 kilog. à la hauteur d'un mètre (66 × 1 956) et Wislicenus 148 656 kilog.

(76 × 1 956) ; de sorte que ces quantités de travail ont été exécutées avec une dépense de tissu musculaire représentée, dans un cas, par 5.74 gram. d'azote, et, dans l'autre, par 5.55 gram. Maintenant, comme 1 d'azote représente 6.4 de tissu musculaire sec, il est évident que Fick a consommé 36.75 gram. de muscles, et Wislicenus 35.52 grammes.

A l'époque de l'expérience, les forces thermiques et mécaniques de ces proportions de chair n'étaient pas connues exactement ; mais elles ont été déterminées depuis avec beaucoup de soin par le Dr Frankland, qui a trouvé que, lorsque du maigre de bœuf pur et sec, de l'albumine et de l'urée sont complétement oxydés dans un appareil convenable, ils développent les quantités suivantes de chaleur et de force mécanique :

	Grammes d'eau élevée à 10 deg. centigr.	Kilogr. élevés à un mètre de hauteur.
1 gramme de bœuf pur et sec. .	5.103	2.161
— d'albumine pure. . .	4.998	2.117
— d'urée pure.	2.206	834

En considérant le pouvoir mécanique du tissu musculaire, il faut se rappeler qu'il n'est jamais complétement oxydé dans le corps de l'animal ; mais qu'il est changé en acide carbonique, en eau et environ un tiers de son poids d'urée; de sorte que l'énergie potentielle du muscle n'est pas aussi grande que dans les expériences précédentes. En effet, en calculant d'après les proportions de l'urée formée, les tissus de Fick et de Wislicenus étaient capables des quantités suivantes d'énergie physiologique :

	Fick.	Wislicenus.
	centigrammes.	centigrammes.
Quantité de muscle consommé....	37.17	37.00
	kilogrammètres.	kilogrammètres.
Énergie réelle, s'il avait été complètement brûlé..................	80.324	79.957
Énergie efficace déduite de l'urée..	68.690	68.376
Travail réel effectué..............	129.096	148.656

De sorte que, pour Fick, 50.406 kilogrammètres de travail, et pour son compagnon, 60.280 kilogrammètres restent inexplicables. Mais ce n'est pas tout ; car, outre le simple travail de monter au haut de la montagne, il y a les mouvements de la respiration, les battements du cœur et autres actions motrices, à ajouter au travail réellement exécuté.

Or, chaque battement du cœur est regardé comme équivalent à un travail de 0.64 kilogrammètre, et l'on estime, d'après les recherches bien connues de Donders, que le travail d'une inspiration est presque le même, savoir, 0.63 kilogrammètre. Fick dit que, pendant l'ascension, son pouls battait en moyenne 120 pulsations, et qu'il faisait 205 respirations à la minute. Pour lui, par conséquent, les battements du cœur, pendant les 5 ½ heures de son ascension, représentent un travail de 25.344 kilogrammètres ; et la respiration, un travail de 5.197 kilogrammètres. Si le travail interne, ou, comme on pourrait l'appeler, l'*opus vitale* était dans la même proportion pour le poids du corps de Wislicenus, comparé à celui de Fick, c'est-à-dire dans le rapport de 7 à 6, alors le travail effectué avait été à la force du muscle dans le rapport suivant :

	Fick. kilogrammètres	Wislicenus. kilogrammètres
Travail de l'ascension de la montagne.	129.096	148.656
Travail de la circulation............	25.344	29.568
Travail de la respiration............	5.197	6.063
Somme du travail effectué.........	159.637	184.287
Énergie réelle du muscle consommé..	68.690	68.376
Énergie sans explication............	90.947	115.911

On voit par là qu'en prenant seulement les trois facteurs du travail calculable, savoir : le travail externe, la circulation et la respiration, et en négligeant les autres actions motrices du corps, qu'on ne saurait calculer exactement et qui, d'après l'estimation de plusieurs, surpassent tout le reste, le travail réellement exécuté est de beaucoup supérieur à l'énergie du muscle oxydé.

On pourrait dire avec raison que ces expériences de Fick et Wislicenus ont été de trop courte durée pour fournir l'occasion de s'assurer si les muscles oxydés n'ont pas été ensuite excrétés ; mais les recherches récentes du Dr Parkes sur l'élimination de l'azote chez deux hommes bien sains (deux soldats) et dans la fleur de l'âge, pendant une période de dix-sept jours, et dans différentes conditions de régime et d'exercice, bien que n'ayant pas donné des résultats identiques à ceux de Fick et de Wislicenus, ont prouvé cependant qu'une nourriture non azotée peut soutenir le corps pendant un exercice de peu de durée, sans que cet exercice produise une augmentation notable dans l'azote de l'urine ; et qu'au contraire la quantité d'urée est réellement moindre pendant le travail que pendant une période de repos ; et il pense que les muscles, au lieu de s'oxyder, et par conséquent de perdre de leur substance pendant le travail, s'approprient réellement de l'azote et se développent ; leur épuisement dépendant bien moins de leur décomposition que de l'accumulation, dans leurs tissus, des produits oxydés des hydro-carbures, tels que l'acide lactique, etc., qui demandent du repos et du temps pour être éliminés. Que les muscles éprouvent quelque affaiblissement, cela n'est pas douteux ; car, comme l'observe le Dr Parkes, « quoiqu'il soit certain qu'on peut faire un exercice très-dur pendant un temps court avec un régime non azoté, il ne s'ensuit pourtant pas que l'azote soit inutile. Des expériences très-prolongées prouvent que, non-seulement on doit fournir de l'azote lorsqu'il y a du travail à faire, mais que la quantité d'azote augmente avec le travail. Le corps bien nourri possède assez d'azote pour permettre à l'exercice musculaire de s'opérer pendant quelque temps, sans qu'on lui en fournisse de nouveau ; mais la destruction des tissus azotés dans ces deux hommes est prouvée par ce fait que, quand on leur fournissait de nouveau de l'azote, ils en retenaient une grande quantité dans le corps, pour remplacer celui qu'ils avaient perdu auparavant. » Il semblerait donc, d'après l'épuisement des deux hommes, le deuxième jour après qu'ils furent privés d'azote, que leurs muscles et leurs nerfs s'étaient notablement affaiblis, et que, si l'expérience avait été continuée un troisième jour, il y aurait eu une grande diminution dans la quantité de travail. Le travail réel qu'ils ont fait avec un régime non azoté d'amidon et de beurre, sous la forme de biscuits et d'arrow-oot, a été l'exercice d'une marche de 38.23 kilomètres le premier jour, et de 52.74 le deuxième jour. Le travail du premier jour a pris, avec les intervalles de repos, environ dix heures trois quarts, et il a été fait sans fatigue; mais le travail du deuxième jour a pris douze heures, et les vingt derniers kilomètres ont été faits avec une grande fatigue. Calculé d'après la formule de Haughton (dans laquelle une marche sur une surface de niveau revient équivalemment à transporter $\frac{1}{20}$ du poids du corps sur la distance parcourue) le travail des deux jours a été pour :

	S Pesant avec ses vêtements 71.7 kilogrammes.		T Pesant avec ses vêtements 56.3 kilogrammes.	
Le premier jour....	140.839	kilogrammètres.	107.655	kilogrammètres.
Le deuxième jour...	194.914	—	147.515	—
Travail total......	335.133	—	255.170	—
Azote excrété......	34.294	grammes.	31.916	grammes.
Poids correspondant du muscle oxydé..	219.481	—	204.262	—
Dont l'énergie (moins l'urée) est........	405.636	kilogrammètres.	377.472	kilogrammètres.

La quantité d'azote excrétée pendant le temps de l'exercice réel n'a été que la moitié environ de ce qui précède; et, calculée de cette manière, elle n'expliquerait que les deux tiers environ du travail effectué. Les résultats prouvent donc que, quoique la base des calculs de Fick et Wislicenus n'ait pas été assez large pour qu'on puisse en tirer des déductions exactes, cependant la force mécanique des muscles oxydés ne suffit pas pour rendre compte du travail externe et du travail interne; et de là on tire la conséquence que, dans les expériences précédentes, la puissance motrice des muscles ne provenait pas uniquement de l'oxydation des matières non azotées qu'ils contenaient.

Les recherches du docteur Edward Smith jettent une lumière nouvelle sur la question ; car il s'est assuré que la quantité d'acide carbonique exhalée par les poumons était en proportion du travail exécuté.

Pendant le sommeil, cette quantité est de....	18.98 gr.	par heure.
Etant couché et près de dormir...........	23. »	—
Etant assis..............................	32.40	—
Dans une marche de deux milles par heure..	70.50	—
Dans une marche de trois milles par heure..	100.57	—
En travaillant à faire tourner une meule....	189.60	—

Il est donc extrêmement probable que la plus grande partie de la force musculaire dérive des hydrocarbures du sang : non pas que les matières azotées du sang ne puissent pas être une source de force ; mais il n'est pas nécessaire, comme Liebig le suppose, qu'elles soient préalablement parties intégrantes des tissus. Les expériences de M. Savary prouvent, en effet, que des rats peuvent vivre et se bien porter pendant des semaines, rien qu'avec des aliments azotés, et il est à peu près certain que, dans cette circonstance, les matières azotées sont presque entièrement oxydées, sans entrer dans la composition du tissu. C'est là, comme je l'ai dit, le point sur lequel surtout on se sépare de Liebig ; et son opinion est encore combattue par le fait que la quantité d'azote excrétée n'est pas en proportion du travail exécuté, mais de la quantité que les aliments en contiennent, même lorsqu'il n'y a pas d'exercice musculaire.

Il n'est pas douteux que la principale fonction des matières azotées consiste à réparer les tissus ; car les animaux soumis à un régime purement carboné perdent rapidement de leur poids, et meurent enfin par la désintégration du tissu; mais il est également certain que les principes azotés des aliments ont d'autres fonctions à remplir. Une nourriture quotidienne de 750 grammes de pain contient assez d'azote pour satisfaire aux besoins mécaniques du système, mais elle ne soutiendrait pas la vie; il faut y ajouter des aliments du règne animal. Les instincts et les habitudes de l'espèce humaine prouvent, en effet, d'une manière incontestable qu'un régime comparativement riche en azote est nécessaire pour soutenir convenablement l'existence; et il est très-probable qu'une semblable nourriture aide à l'assimilation des hydrocarbures. Elle peut aussi favoriser le développement de la force, sans y contribuer elle-même directement; et cela peut servir à expliquer le fait qu'il y a une relation entre la quantité d'azote contenue dans les aliments et leurs propriétés fortifiantes. Les animaux carnivores ne sont pas seulement plus vigoureux et plus capables d'un exercice prolongé que les herbivores; ils sont encore naturellement plus féroces, comme par surabondance de force. Les ours de l'Inde et de l'Amérique, dit Playfair, qui se nourrissent de glands, sont doux et traitables, tandis que ceux des régions polaires, qui mangent de la chair, sont sauvages et ne peuvent être apprivoisés. Et, pour prendre des exemples dans l'espèce humaine, les Péruviens que Pizarre trouva en Amérique lors de la conquête, avaient des mœurs douces et inoffensives; or,ils se nourrissaient principalement d'aliments végétaux; tandis que leurs frères, que Cortès trouva au Mexique, étaient une race guerrière et féroce, et leurs aliments se composaient pour la plus grande partie de substances animales. Les mineurs du Chili, qui travaillaient comme des chevaux, se nourrissaient aussi comme eux, car Darwin nous apprend que leurs aliments ordinaires consistent en pain, fèves et graines grillées. Les Hindous indigènes qui étaient employés à faire le tunnel du chemin de fer de Bhore-Ghat, et qui avaient un travail très-pénible, n'avaient pu, avec leur régime végétal, conserver des forces suffisantes; mais, leur caste les ayant autorisés à se nourrir comme ils le jugeaient à propos, ils se sont mis au même régime que les matelots anglais et ont pu alors travailler avec la même vigueur qu'eux. On pourrait citer beaucoup d'exemples de cette sorte, dont quelques-uns seront discutés à mesure que nous avancerons, pour prouver qu'il existe une relation directe entre la nourriture plastique et le travail mécanique ; mais il n'y a pas de preuve que cette nourriture doive d'abord former un tissu, avant que sa propriété dynamique soit mise en jeu.

Un fait digne d'attention, c'est que toutes les formes d'aliments azotés n'ont pas la même valeur nutritive ; les matières glutineuses de l'orge et du blé, quoique presque identiques dans leur composition chimique, ont des propriétés fortifiantes très-diverses. Il en est de même de la chair musculaire et de la fibrine préparée artificiellement, ainsi que de la gélatine. Magendie a trouvé que des chiens nourris pendant 120 jours uniquement avec de la viande crue de têtes de brebis, avaient conservé pendant tout ce temps leur santé et leur vigueur, tandis qu'une quantité triple de fibrine isolée, avec addition de beaucoup d'albumine et de gélatine, avait été insuffisante pour leur conserver la vie.

Nous pouvons conclure de là que, quoique les principales fonctions des matières azotées soient de former et de réparer les tissus, elles ont encore évidemment d'autres fonctions à remplir pour l'assimilation, la respiration et la production de la force, fonctions qui sont encore loin d'être bien comprises. Que savons-nous, en effet, du véritable *modus operandi* des ferments azotés, la ptyaline, la pepsine, la pancréatine, etc., qui sont sécrétés si abondamment dans le canal alimentaire ; et des composés azotés conjugués qui sont présents dans la bile ? Et quels progrès avons-nous faits dans l'explication des fonctions que remplissent les principes azotés du thé, du café, du guarana, du cacao, etc., que les instincts de l'humanité, dans toutes les parties du globe, ont évidemment choisis pour quelque but physiologique ? On peut en dire autant des matières cristallines azotées du bouillon, telles que la créatine, la créatinine, l'acide inosique, etc., qui peuvent à peine être regardées comme des substances alimentaires, quoiqu'elles soient douées de propriétés fortifiantes considérables. Mais en voilà assez là-dessus pour le moment ; et, avant de quitter cette partie de mon sujet, je dois appeler votre attention sur ce fait que les matières azotées, lorsqu'elles sont oxydées dans le corps d'un animal, n'abandonnent jamais toute leur énergie potentielle ; en effet, lorsqu'elles se transforment en urée, qui est le produit principal de leur décomposition, elles perdent, dans cette sécrétion, la septième partie au moins de leur force. Il est peut-être nécessaire qu'il en soit ainsi, parce que, si elles étaient complétement oxydées dans le corps de l'animal et converties en acide carbonique, eau et azote, ce dernier gaz ne pourrait se dégager du système, à cause de son insolubilité dans les fluides animaux.

Fonctions de la graisse. — Les hydrocarbures connus sous le nom de corps gras diffèrent des autres hydrocarbures, tels que le sucre et l'amidon, par la circonstance que l'oxygène n'y est jamais en quantité suffisante pour satisfaire l'affinité de l'hydrogène; d'où il résulte que la graisse est plus énergique comme agent de respiration ou production de chaleur. En effet, son pouvoir, sous ce rapport, est juste deux fois et demie aussi grand que celui de l'amidon ou du sucre ; car 10 grains de graisse, en se combinant avec l'oxygène, développent une chaleur suffisante pour élever d'un degré de Fahrenheit la température de 23.2 livres d'eau ; et, suivant les déductions de Joule et de Mayer, cela équivaut à la force qui élèverait 424 kilogrammes à un mètre de hauteur. Dans les pays froids, où l'on cherche à se procurer de la chaleur animale, on préfère les aliments riches en graisse ; et le lard des ouvriers anglais ne contribue pas peu à produire de la force mécanique.

La graisse remplit en outre d'importantes fonctions dans les actes de la digestion, de l'assimilation et de la nutrition. Suivant Lehmann, c'est un des agents les plus actifs dans la transformation de la substance animale ; et cela ne se voit pas simplement dans la dissolution des parties azotées de la nourriture pendant la digestion, mais aussi dans la conversion des substances plastiques nutritives en cellules et en masses de fibres. Elsässer a observé, il y a longtemps, que pendant le progrès de la digestion artificielle, la dissolution des aliments azotés était considérablement accélérée par l'intervention de la graisse; et Lehmann a reconnu depuis que des substances albumineuses privées de graisse, restaient plus longtemps dans l'estomac, et demandaient plus de temps pour leur transformation, que les mêmes substances imprégnées de graisse. Il est probable, en effet, que le pouvoir digestif du suc pancréatique est dû en grande partie à la présence de la graisse ; et qu'elle facilite beaucoup la chymification subséquente de la nourriture et son absorption dans le sang. On a aussi de bonnes raisons de croire qu'elle joue un grand rôle dans la formation de la bile, et que les acides biliaires sont des composés gras conjugués. Ceci peut expliquer l'action bien connue du lard gras et d'autres aliments analogues pour déterminer la sécrétion de la bile.

Le pouvoir digestif de la graisse est certainement considérable ; elle n'est pas moins active dans la conversion subséquente des matières azotées en cellules et en tissus, et peut-être aussi pour renvoyer à plus tard leur décomposition, ou retarder leur destruction. La formation des corpuscules incolores du sang a peut-être sa première origine dans la transformation de la graisse ; dans ce cas, elle serait un important auxiliaire de la genèse du sang. Il semblerait, d'après les dernières recherches des physiologistes, qu'elle joue aussi un rôle considérable dans chaque phase du développement des cellules. Acherson avait établi, dès 1840, que l'albumine en dissolution se coagule toujours autour d'un globule de graisse, et cela se voit dans les petites particules grasses du lait, qui ont une enveloppe semblable à une cellule de caséine coagulée. Hunefield, Nasse et autres ont montré ensuite que les petits noyaux des cellules sont invariablement formés de graisse, et que le plasma de formation récente contient toujours plus de graisse que la cellule arrivée à maturité. Il suit de là que la graisse prend une part active dans toutes les opérations par lesquelles les principes nutritifs des aliments sont convertis en substrata solides des organes ; et sa puissance est si grande sous ce rapport que, quand les matières azotées des fluides ne sont pas en quantité suffisante pour former des cellules avec la graisse, elles en empruntent aux tissus musculaires ou autres, d'ou résulte une dégénérescence graisseuse de ces parties. C'est ce qu'on observe dans la structure musculaire des animaux qui mangent trop, dans les tissus des ivrognes, qui prennent une grande quantité d'aliments générateurs de la graisse, et dans le foie des oies que l'on gorge de substances farineuses.

Et non-seulement la graisse intervient dans la formation des nouveaux tissus, mais en outre elle pénètre, et désagrége finalement les tissus plus anciens, surtout lorsque leur vitalité est affaiblie. De cette manière, elle aide à dissoudre et ensuite à éliminer du corps de l'animal les produits dégénérés et morbides du type protéine.

De plus, sa présence en grande quantité dans les petits tubes nerveux et dans les centres ganglionaires, indiquerait qu'elle remplit quelques fonctions importantes dans l'action des nerfs.

Enfin, sa distribution dans les tissus et son accumulation autour de certains organes, sert à remplir les vides du corps, à donner de la rondeur aux formes, à contrebalancer la pression extérieure, à diminuer le frottement des parties, à donner de la souplesse aux tissus, et, par sa propriété d'être mauvaise conductrice, à conserver la chaleur animale. La graisse doit donc entrer pour une large part dans la composition de nos aliments, car les autres hydrocarbures, quoique susceptibles d'être transformés en graisse, ne peuvent pas la remplacer complétement.

3° *Substances amylacées et saccharines.* — Ces substances sont appelées avec raison hydrates de carbone, parce que l'oxygène et l'hydrogène y sont toujours contenus dans les proportions qui forment l'eau. Le carbone y est donc seul capable d'être oxydé, et, d'après Liebig, leurs fonctions sont entièrement calorifiques ou respiratoires. Mais, semblables aux autres agents producteurs de la chaleur, elles doivent avoir aussi de la puissance mécanique ; car tout ce qui peut élever d'un degré de Fahrenheit la température d'une livre d'eau pourra, par une autre modification de son action, élever un poids de 424 kilog. à un mètre de hauteur. Les énergies de cette classe de substance ne sont pourtant pas tout à fait aussi grandes que celles de la graisse ; car, dans celle-ci, comme je l'ai dit, il y a beaucoup d'hydrogène, aussi bien que de carbone, susceptible d'être oxydé. Le tableau qui suit rendra ceci évident.

POUVOIR CALORIFIQUE ET POUVOIR MOTEUR DE UN GRAMME DE CHAQUE SUBSTANCE DANS SON ÉTAT NATUREL.

	Grammes d'eau élevée de 1° c.	Kilogr. élevés à 1 m. de hauteur.
Sucre de raisin.	3.277	1.388
Sucre en pain.	3.348	1.418
Arrow-root..	3.912	1.657
Beurre.	7.264	3.077
Graisse de bœuf.	9.069	3.841

De sorte que le pouvoir calorifique de la graisse est, en nombre rond, environ deux fois aussi grand que celui de l'amidon et du sucre, et quand elle est sèche, la proportion s'élève à deux fois et demie.

Mais, quoique le développement de la chaleur animale

soit le résultat définitif de leur oxydation, ces substances ont aussi d'autres fonctions à remplir. En se changeant en glucose par la digestion elles forment divers composés, comme l'acide lactique, qui se rencontre dans l'estomac et aussi dans le jus de viande; comme les acides butirique, formique et acétique, que l'on trouve dans la transpiration, etc. Les fonctions précises de ces acides ne nous sont pas connues, quoique l'on sache, comme je l'ai déjà expliqué, que la présence de l'acide lactique est essentielle à la digestion des matières azotées; peut-être aussi qu'il se trouve dans le jus de viande pour un objet semblable, savoir, pour la solution des tissus hors de service.

Les amidons et les sucres interviennent aussi dans la production de la graisse. Ceci a été autrefois le sujet d'une discussion animée entre Liebig et Dumas, dont les idées étaient tout à fait contraires; mais les expériences de Boussingault, Persoz, Lawes et autres sur l'engraissement des animaux, ont prouvé d'une manière incontestable que la graisse peut être dérivée des hydrates de carbone, et que par conséquent les idées de Liebig étaient justes. L'expérience commune nous a surabondamment appris que les aliments riches en matières farineuses sont très-aptes à produire de la graisse.

4o Les principes *salins* ou *minéraux* des aliments jouent un très-grand rôle dans la transformation de la matière; et peut-être est-ce là leur unique fonction. Le propre de ces substances est de rendre solubles les principes plastiques des aliments, et des tissus animaux. Elles interviennent par conséquent dans les phénomènes de la digestion, de l'absorption, de l'assimilation, de la désintégration et de la sécrétion. Elles sont véritablement le principal, sinon le seul moyen de transport de la matière organique d'un lieu à l'autre du corps animal; car, d'un côté, elles introduisent les matières nutritives dans le système, et de l'autre, elles le débarrasseut des substances épuisées; en outre, il est très-probable qu'elles sont les agents qui font passer la nourriture de l'état liquide à l'état solide, comme dans la formation des tissus solides au moyen du sang. Dans le cas de la digestion et de l'absorption, les éléments plastiques de nos aliments, tels que l'albumine, la fibrine, la gélatine, etc., ne sont pas d'eux-mêmes susceptibles de dialyse; en d'autres termes, ils ne peuvent pas traverser les parois du canal alimentaire, et par conséquent leur absorption a besoin d'être aidée par quelques agents physiques. Ces agents sont les acides et les sels qui sont sécrétés si abondamment dans l'estomac pendant la digestion : il est très-probable qu'ils n'opèrent pas seulement une dissolution de la matière protéique des aliments, mais qu'en les convertissant en peptones, comme Lehmann l'assure, ils changent réellement la forme moléculaire de la substance, et la font passer de l'état de colloïde inabsorbable, à celui de cristalloïde très-diffusif. En effet, si, comme M. Graham le suppose, une molécule colloïde n'est qu'un groupe de petits cristalloïdes, l'action des principes salins et acides du suc gastrique doit être de diviser la molécule colloïde en molécules plus petites qui puissent être absorbées. Le contraire doit se produire dans le sang alcalin, où la molécule colloïde doit reprendre sa structure et perdre sa tendance à la diffusion; mais, en arrivant aux tissus où existe encore l'état acide des fluides, elle change de nouveau sa structure moléculaire, et se sépare du sang pour servir à la nutrition. Nous ne connaissons pas la nature précise des phénomènes qui se produisent lorsque la matière nutritive liquide qui se sépare ainsi est changée en tissu solide ; mais il y a tout lieu de croire que tout se réduit à un mouvement moléculaire causé par l'action de la matière saline. C'est ce qui a très-certainement lieu dans les cas de divers structures qui contiennent plus que la quantité ordinaire de sels minéraux, comme dans la solidification des spicules des éponges, des tissus calcaires des polypes, de l'enveloppe dure des rayonnés, des mollusques, des crustacés, etc., et dans les dépôts calcaires des os, des dents, des écailles tégumentaires, des coquilles d'œufs, etc. Dans tous ces cas, la matière sécrétée a dû d'abord être cristalloïdale, autrement elle n'aurait pas pu être sécrétée ; elle prend ensuite la forme d'un liquide colloïde ou gélatineux ; et enfin, par un mouvement moléculaire ultérieur, elle passe à l'état d'un solide pectineux ; les principes salins, suivant leur nature et leurs proportions, déterminant le degré de dureté.

En outre, l'élimination des matières usées et des tissus détériorés est certainement effectuée par l'action des substances salines ; car, pendant le cours de l'oxydation, il se produit des acides qui, en réagissant chimiquement sur les principes constituants salins des fluides animaux, leur donnent la faculté de se dissoudre dans les matières plastiques, et les rendent ainsi capables d'expulser les débris des tissus épuisés.

Il n'y a pas beaucoup à dire sur les fonctions spéciales de certains principes salins des aliments ; mais c'est un fait remarquable que le *phosphate de soude alcalin ou basique* se rencontre invariablement dans le sang, tandis que le *phosphate acide de potasse* est le principe constituant principal du fluide musculaire. Très-probablement, le premier de ces sels a pour destination de conserver l'albumine et la fibrine à l'état de liquide colloïdal, et de les empêcher ainsi de se perdre par la sécrétion, tandis que le second a une destination toute contraire. L'alcalinité du sang aide aussi à l'oxydation des matières organiques; et le phosphate de soude basique, possédant, tout comme un carbonate alcalin, la propriété d'absorber l'acide carbonique, est le principal agent par lequel ce composé est éliminé du système. C'est là une propriété remarquable du phosphate basique de soude, et c'est son principal rôle dans le sang. Lorsqu'il ne s'y trouve pas en assez grande quantité pour remplir cette fonction, il y est suppléé par un carbonate alcalin. C'est ce que nous observons dans le sang des animaux herbivores, où les proportions des deux sels sont l'inverse de ce qu'elles sont dans l'homme et dans les carnivores. On peut se former une idée de l'importance relative des matières salines du sang, en jetant les yeux sur le tableau ci-dessous, dressé par Liebig.

PROPORTIONS DES MATIÈRES CONTENUES DANS LE SANG.

	Homme	Porc	Chien	Oiseau	Mouton	Bœuf
Acide phosphorique....	31.79	36.50	36.82	47.26	14.80	14.04
Alcalis..............	55.66	49.80	80.21	48.41	55.79	60.00
Terres alcalines.......	3.33	3.80	2.07	2·22	4.87	3.[illegible]
Acides minéraux et oxyde de fer..........	9.22	9.90	5.87	2.11	24.54	22.32
TOTAL............	100.00	100.00	100.00	100.00	100.00	100.00

Et dans tous les cas où l'acide phosphorique manque, il est remplacé par l'acide carbonique. Chez l'homme, par exemple, la quantité d'acide carbonique combiné avec les cendres du sang est seulement de 3.78 pour cent, tandis que dans le veau elle est de 9.85, et dans le mouton de 19.47 pour cent, de sorte que, dans tous les cas, l'alcalinité du sang reste la même.

Les *sels de potasse*, dans le jus de viande, ont sans doute, à remplir une fonction également importante, quoique d'une nature opposée; car, tandis que le phosphate alcalin de soude, dans le sang, empêche la transsudation de la matière nutritive, le phosphate acide de potasse, dans le fluide musculaire, la provoque ; il intervient ainsi dans la nutrition et dans la dissolution des tissus usés.

Les *phosphates terreux*, surtout le *phosphate de chaux*, sont peut-être les agents de la consolidation des tissus; car, non-seulement ils sont présents dans les parties dures du corps, comme les os et les dents, mais ils entrent encore dans la composition de la chair.

La présence du *sel commun* n'est pas moins importante dans les fonctions du corps des animaux. Il constitue une bonne partie de chaque sécrétion, et forme environ la moitié du poids total des matières salines du sang. Il diffère des phosphates en ce qu'il n'entre pas dans la composition du tissu, et semble être seulement un agent d'absorption et de sécrétion. Il est à cause de cela tellement nécessaire, qu'on ne peut en changer beaucoup les proportions dans le sang. Si l'on boit de l'eau qui ne contienne que peu de sel commun en dissolution, elle ne se mêle pas au sang d'une manière permanente, mais elle s'en va immédiatement par les reins ; et si l'on essaye d'accroître la quantité du sel dans le sang en buvant une boisson salée, par exemple de l'eau de mer, elle n'est point absorbée. Cette proportion normale de sel commun dans le sang est évidemment une nécessité physiologique, que les conditions de la diffusion exigent impérieusement. C'est encore un fait curieux que le sel commun ait la faculté de former des composés cristallisables avec la plupart des principes constituants inorganiques ou épuisés du corps. Il peut très-bien être un agent important de diffusion, et jouer ainsi un rôle dans les phénomènes d'absorption et de sécrétion; car, comme les matières colloïdales, l'albumine et la fibrine, ne peuvent pas traverser les parois des intestins ou les vaisseaux sanguins, il peut bien se faire que, par l'action du sel commun et de l'acide libre des sucs gastrique et musculaire, elles passent temporairement à l'état cristalloïdal et soient ainsi absorbées ou sécrétées.

La présence constante du sel commun dans les sécrétions et la nécessité qu'il y en ait une proportion convenable dans le sang, indiquent combien il est important d'en mettre suffisamment dans les aliments. Nous en trouvons une preuve dans l'instinct des animaux, et dans l'empressement avec lequel nous mêmes nous demandons du sel lorsqu'il n'y en a pas assez dans notre nourriture. Les animaux parcourraient de grandes distances, ils affronteraient les plus grands dangers pour avoir du sel, et les hommes donneraient de l'or pour s'en procurer. Chez les Gallas et sur les côtes de Sierra Leone, des frères vendront leurs sœurs, des maris, leurs femmes, des pères, leurs enfants pour du sel. Dans le district d'Accra, partie de cette contrée de l'Afrique, qu'on appelle la Côte d'or, le sel est après l'or ce dont on fait le plus de cas, une poignée de cette précieuse substance suffit pour acheter un esclave et même deux. Mungo Park nous apprend que, chez les Mandingoes et les Bambaras, l'usage du sel est un si grand luxe que l'on dit d'un homme : « il assaisonne sa nourriture avec du sel » pour faire entendre qu'il est riche ; les enfants sucent un morceau de sel gemme comme si c'était du sucre.

Les expériences de M. Boussingault ont prouvé que, quoique le sel mélangé au fourrage des bestiaux n'influe pas beaucoup sur la quantité de viande et de lait qu'on en retire, cependant il influe notablement sur leur aspect et sur leur état général. Les animaux qui ne mangent pas d'autre sel que celui qui est contenu naturellement dans leur nourriture deviennent bientôt lourds et tristes et ont le poil rude et hérissé. Reulin dit que les animaux qui ne trouvent pas de sel dans leur nourriture ou leur boisson, deviennent moins féconds. Ceci est confirmé par le Dr Le Saine, qui dit, dans son essai sur le sel, qu'il augmente la puissance des mâles et la fécondité des femelles, et qu'il double chez celles-ci l'aptitude à nourrir leur fœtus. Pendant la période de la lactation, le sel donné aux mères rend le lait plus abondant et plus nourrissant. Il accélère aussi la croissance ; il donne à la peau un plus bel aspect; et la chair des animaux qui s'en nourrissent est plus savoureuse et plus aisée à digérer que celle des animaux qui en sont privés. Dans les temps barbares, le plus horrible des châtiments, entraînant une mort certaine, était de nourrir les accusés avec des aliments sans sel. Les expériences des académiciens français, ont prouvé que la viande privée de ses principes salins par le lavage à l'eau, perd ses propriétés nutritives, et que les animaux qui s'en nourrissent meurent bientôt exténués. Il arrive même qu'après quelques jours d'un pareil régime, l'instinct des animaux leur apprend que cette viande n'a aucune valeur alimentaire; en effet, sous l'influence du besoin de nourriture, ils aimeraient autant, dit Liebig, manger des pierres; les plus atroces tourments de la faim suffiraient à peine pour les faire continuer à se nourrir de ces aliments : ils contiennent pourtant en abondance de la matière azotée, mais faute d'intermédiaire pour en faciliter la dissolution et l'absorption, cette matière est inutile.

Les *oxydes de fer* et leurs homologues, les *oxydes de manganèse*, interviennent pour une grande part dans les actes de la sanguinification et de l'oxydation. Ils entrent dans la composition des globules du sang ; le manganèse principalement pour les animaux à sang blanc, et le fer pour les animaux à sang rouge. En effet, la matière colorante des globules du sang (cruorine), aussi bien que celle des muscles (myochrome), est un composé de fer et d'albumine, globuline, qui a la propriété remarquable d'absorber l'oxygène lorsqu'elle est exposée à l'air, et de le rendre en présence des agents réducteurs. Dans le premier cas, elle acquiert l'aspect du sang artériel, dans l'autre celle du sang veineux ; et le spectre nous apprend qu'elle prend facilement ces deux états, l'un en présence de l'oxygène de l'air, l'autre en présence de la matière organique dégénérée. On ne peut guère douter que ce ne soient les deux états où elle se trouve dans le sang; la cruorine oxydée d'un rouge vif doit être la forme de la matière colorante dans le sang artériel, et la variété désoxydée d'un rouge sombre, celle qu'elle a dans le sang veineux. Les fonctions de la cruorine et du myochrome sont donc tout à fait de nature respiratoire ; car la cruorine est l'intermédiaire par lequel l'oxygène est pris à l'air, absorbé dans les poumons, et ensuite entraîné dans tout le corps avec les globules du sang, tandis que le myochrome peut être l'agent d'une oxydation interstitielle.

Enfin, il est une substance minérale constituante de notre sang, la *silice*, qui entre dans la composition de tous les appendices tégumentaires. Sa présence n'est pas d'une importance aussi grande pour nous que pour les animaux inférieurs, dont la chaleur est conservée par un vêtement naturel de poils, de laine ou de plumes. Chez les oiseaux, la quantité de silice contenue dans les plumes est très-considérable, et Gorup-Besanez a décrit le rôle physiologique de cette substance dans leur organisme.

Les proportions des substances minérales nécessaires dans les aliments sont très-difficiles à déterminer. Le Dr Edward Smith dit qu'il faut chaque jour à un homme adulte de 2.07 à 5.12 grammes d'acide phosphorique ; de 3.30 à 11.34 grammes de chlore (ce qui revient au même, de 5.51 à 18.85 grammes de sel commun) ; de 1.75 à 6.93 grammes de potasse ; de 5.18 à 11.08 grammes de soude ; de 0.15 à 0.41 de chaux ; et de 0.15 à 0.19 de magnésie. Suivant M. Lawes, une très-petite partie de ces sels est retenue dans le système ; car, en engraissant des cochons, il a trouvé que sur 5 kilog. de matière minérale contenue dans leur nourriture, il n'y en avait que 340 grammes de fixés dans le corps, et c'étaient principalement des phosphates terreux ; tout le reste n'était pas absorbé, ou servait seulement au travail de l'absorption, de l'assimilation et de la sécrétion. Il y a donc généralement dans les aliments ordinaires assez de matière saline, à l'exception du sel commun, mais pour toute cette matière saline, sa présence dans l'eau que nous buvons n'est pas une question sans importance.Les quatre cinquièmes de la surface de la terre sont composés de couches calcaires, qui fournissent de l'eau plus ou moins chargée de carbonate et de sulfate de chaux, ce qui peut être regardé comme une sage disposition ayant pour but de fournir ces sels au système animal. Comme M. Johnston l'a observé avec vérité dans sa *Chemistry of Common Life* : « Les eaux limpides cristallines qui jaillissent en sources nombreuses de nos marnes et autres couches calcaires, sont agréables à boire, non pas simplement parce qu'elles plaisent à la vue, mais parce qu'il y a quelque chose d'exhilarant dans l'excès d'acide qu'elles contiennent, et qu'elles abandonnent sous l'influence de la chaleur, en passant par la bouche et le gosier ; aussi, parce que la chaux qu'elles tiennent en dissolution s'empare des matières acides de l'estomac et devient une médecine à la fois salutaire et agréable. Abandonner l'usage de ces eaux et boire chaque jour à leur place une eau entièrement exempte de matière minérale, serait nuisible à la santé, bien loin de lui être favorable.» Ajoutons que l'eau d'un pays peut déterminer le régime de ses habitants : les eaux douces des lacs de l'Ecosse, par exemple, peuvent être pour quelque chose dans le choix du pain bis qu'on y consomme ; et ce n'est que grâce aux eaux calcaires de l'Irlande que la pomme de terre a pu devenir un aliment national.

Et maintenant, avant de quitter cette partie de mon sujet, il est juste que je dise quelques mots des fonctions de certaines boissons, telles que le *thé*, le *café* et les *liqueurs fermentées*, qui ont été plus ou moins en usage dans tous les temps, par une sorte d'instinct physiologique non raisonné. Les habitants de chaque climat ont eu recours, pour quelque besoin non défini, à des infusions végétales contenant les mêmes principes actifs, savoir, une matière astringente, une huile volatile, et un corps cristallisable riche en azote : en effet, pour me servir des paroles de M. Johnston, « cet usage a prévalu dans les régions tropicales comme dans les régions arctiques. Dans l'Amérique centrale, les Indiens pur sang et les créoles de races européennes plus ou moins mélangées s'en tiennent également à leur ancien chocolat. Dans l'Amérique méridionale, le thé du Paraguay est un breuvage presque universel. Les tribus indigènes de l'Amérique septentrionale ont leur thé des Apalaches, leur thé Oswéga, leur thé du Labrador et plusieurs autres. De la Floride à la Géorgie, dans les Etats-Unis, et dans toutes les îles des Indes occidentales, les races européennes naturalisées s'en tiennent à leur café favori, tandis qu'au nord des États-Unis et dans les provinces britanniques, le thé de Chine est d'un usage quotidien et constant.

« Chaque contrée de l'Europe a fait choix de sa boisson de prédilection ; l'Espagne et l'Italie se délectent avec le chocolat ; la France, l'Allemagne, la Suède et la Turquie avec le café ; la Russie, la Hollande et l'Angleterre avec le thé ; tandis que la pauvre Irlande prépare sa boisson chaude avec l'écorce de cacao, rebut des moulins à chocolat de l'Italie et de l'Espagne.

« Toute l'Asie éprouve le même besoin, et elle le satisfait depuis longtemps de différentes manières. Le café, indigène de l'Arabie ou des contrées adjacentes, a suivi la bannière du prophète, dans toutes les parties de l'Asie et de l'Afrique où la fausse croyance a triomphé. Le thé, produit de la Chine, s'est répandu spontanément dans les contrées montagneuses de l'Himalaya, sur les plateaux de la Tartarie et du Thibet, et dans les plaines de la Sibérie ; il a franchi les monts Altaï, a envahi toute la Russie, et règne en maître à Moscou comme à Saint-Pétersbourg. A Sumatra, la feuille de café fournit le thé favori de la population à peau brune; et l'Afrique centrale vante le *chaat* abyssinien, boisson chaude dont fait usage toute la population éthiopienne. Partout des breuvages qui ne sont ni toniques ni narcotiques sont d'un usage général chez les populations de toute couleur, sous tous les climats et dans toutes les conditions de la vie. Cette coutume doit évidemment répondre à quelque besoin universel de notre nature, à quelque fonction physiologique que la science n'a pas encore expliquée ; et si l'on considère que tous ces breuvages ont, quant à leurs principaux éléments, la même composition chimique, c'est, chose bien remarquable, qu'on ait été conduit à les choisir dans tout l'ensemble du règne végétal. » Comme M. Johnston l'observe avec raison, « quels besoins constitutionnels communs à tous les hommes ont pu les amener à des résultats si singulièrement uniformes ! Par quelle immense quantité d'expériences individuelles oubliées est-on arrivé à ces résultats ! »

Les principaux éléments de ces substances végétales sont :

1° Une *huile volatile*, d'où provient leur aromé, et qui s'élève rarement à une partie sur 150 ; 2° un *acide astringent*, qui, dans le thé, est de la nature de l'*acide tannique*, et, dans le café, s'appelle *acide caféique ;*

cet acide, qui leur donne leur goût styptique amer, s'élève de 13 à 18 pour cent dans le thé, à environ 5 pour cent dans le café ; et 3° une substance azotée cristallisée d'une nature alcaline appelée *théine* ou *caféine* et *théobromine*. Les quantités moyennes de cet alcaloïde dans différentes substances végétales, ont été déterminées ainsi qu'il suit par le Dr Stenhouse :

	Théine ou caféine. Pour cent.
Guarana ou cacao du Brésil, du *Guarana officinalis*.	5.07
Bon thé noir..............................	2.13
Thé noir de Kemaon, E. I.......................	1.97
Feuilles de café sèches........................	1.26
Maté ou thé du Paraguay, de l'*Ilex paraguayensis*...	1.20
Différents échantillons de graines de café....	de 0.8 à 1.00

Les propriétés physiologiques de la théine et de son homologue, la théobromine, ne sont pas faciles à déterminer. Malder dit qu'elles n'interviennent point dans l'action particulière du thé et du café. Liebig, cependant, signale ce fait que, par addition d'oxygène et des éléments de l'eau, elles peuvent donner de la *taurine*, qui est l'élément azoté de la bile ; et il se demande si elles ne pourraient pas intervenir dans la formation de cette sécrétion. La théine, dit-il encore, a du rapport tant avec la créatinine, ce composé remarquable qui est produit dans les opérations vitales et qui se rencontre dans le système musculaire des animaux, qu'avec le glycocole, que nous pouvons regarder comme existant dans la gélatine, combiné avec un autre composé. En effet, suivant lui, il n'y a pas de boisson qui dans sa complexité et dans la nature de certains éléments, ait plus de ressemblance avec le bouillon que le thé ou le café ;

et il est très-probable, ajoute-t-il, que l'effet qu'ils pro-produisent comme aliments provient de l'action excitante et vivifiante qu'ils possèdent en commun avec le bouillon. En suivant cet ordre d'idées, on peut dire que la théine ou la caféine, et la théobromine ont un rapport intime dans leur composition avec le tissu nerveux, et que par conséquent elles conviennent spécialement pour réparer et renouveler le cerveau épuisé. Des expériences faites par Lehmann, en 1854, avec des infusions de café torréfié et avec de la caféine, tendent à prouver que leur principale influence sur le corps humain consiste à retarder la déperdition des tissus ; que lorsque, par exemple, on prend chaque jour, pendant une quinzaine, une infusion de 21 grammes de café torréfié, la quantité d'urée et d'acide phosphorique excrétée par les reins est d'un tiers moindre que lorsqu'on prend la même nourriture sans café. On a observé que l'huile empyreumatique exerce une action stimulante sur le système nerveux, et que, lorsqu'on en prend en excès, elle cause de la surexcitation et de l'insomnie. Elle agit aussi sur la peau en produisant une douce transpiration, et elle calme la sensation de la faim. La conclusion de ces expériences est que le thé et le café produisent d'heureux effets sur le système nerveux ; qu'en diminuant les pertes, ils prolongent l'action nutritive des aliments; qu'avec une quantité donnée de nourriture, on peut faire plus de travail lorsqu'on prend ces breuvages que lorsqu'on n'en fait point usage; et que, chez les personnes âgées et infirmes, qui éprouvent un si grand besoin de prendre du thé, le dépérissement et la perte des forces sont diminués. Il produit, en effet, une sorte de bien-être dans le système animal, et, en lubrifiant la machine, il la met en état de travailler plus aisément et plus longtemps.

Les expériences plus récentes du Dr Edward Smith ne conduisent pas tout à fait aux mêmes conséquences; car, dans son opinion, le thé provoque plutôt qu'il ne gêne les fonctions chimico-vitales du corps; puisqu'aussitôt après qu'on l'a pris, la quantité d'acide carbonique émise par les poumons et la quantité d'air inspiré sont augmentées, et la respiration est plus profonde et plus libre. Il pense que, par conséquent, le thé provoque la transformation de l'amidon et de la graisse des aliments, qu'en outre, il augmente l'action de la peau, et, en produisant la transpiration, diminue la chaleur du corps. Quant au café, il produit, suivant lui, un effet contraire; il diminue l'action de la peau, et il excite celle des intestins; et son influence sur le jeu de la respiration est un peu moindre que celle du thé.

Il est évident, d'après tout cela, que nous ignorons encore quelles sont les actions spéciales de ces breuvages; et pourquoi on en a fait usage dans tous les temps et dans tous les pays comme d'un moyen de satisfaire quelque besoin naturel, que la science n'est point parvenue à découvrir; pourquoi partout, l'indigent, le vieillard, l'homme infirme, vont jusqu'à sacrifier pour se les procurer une partie de leurs aliments; pourquoi 500 millions au moins d'individus de l'espèce humaine font usage d'une infusion de thé; pourquoi plus de 100 millions boivent du café; environ 50 millions, du chocolat, pourquoi 10 millions au moins d'habitants du Pérou, du Paraguay et du Brésil font usage d'une infusion de maté ou de guarana. Dans notre pays seul, on consomme annuellement plus de 50 millions de kilog. de thé et peut-être moitié autant de café. Tout cela indique l'influence probable de quelque besoin très-réel, dont la science ne peut encore se rendre compte.

Relativement aux *liqueurs fermentées*, il y a la même indication, qu'elles doivent servir à un profond dessein physiologique, et qu'elles satisfont à un besoin universel. On ne peut pas objecter que, parce qu'on en abuse, elles ne sont pas utiles dans l'économie du corps humain. Au contraire, puisqu'on en a fait usage dans tous les temps, et qu'aucun liquide sucré, ou suc de fruit mûr, ne peut être exposé à l'air sans éprouver une fermentation spontanée et presque immédiate, c'est une preuve frappante que les liqueurs fermentées ont une destination utile. Elles ne peuvent entrer dans la composition des tissus, mais elles stimulent les énergies de l'organisme et en augmentent l'activité. Il ne suffit pas de conserver ce qu'on peut appeler les briques et les marbres de l'édifice humain, ni d'entretenir les mouvements concrets de notre machine ; il y a des formes moins communes de la matière, et des manifestations plus élevées de la force, qui sont en jeu dans notre existence ; et le penchant de l'humanité pour des breuvages tels que ceux dont nous parlons, peut avoir pour but quelque chose de plus que l'alimentation du système, peut-être, par exemple, d'élever les âmes au-dessus des détails infimes et grossiers de ce monde vulgaire.

Il est certain que l'*alcool* stimule l'action du système nerveux, et il est également certain qu'il active les fonctions respiratoires. Le Dr Edward Smith pense qu'il affaiblit aussi l'action des muscles qui sont soumis à la volition, et qu'il augmente, dans une certaine mesure, l'action de ceux qui en sont indépendants, comme le cœur et les muscles respiratoires. Il trouve que l'alcool diminue les fonctions de la peau, et qu'en amoindrissant ainsi la perte de la chaleur animale, il a une tendance conservatrice. Mais les effets de l'alcool sont bien modifiés par les substances avec lesquelles il est associé dans les liqueurs alcooliques : la *bière* et l'*ale*, par exemple, agissent sur les fonctions respiratoires, en raison des matières sucrées et azotées que ces boissons contiennent ; le *vin*, le *cidre* et le *poiré*, produisent aussi des effets analogues, en proportion de leurs éléments sucrés et acides ; l'*eau-de-vie* et le *gin* (eau-de-vie de genièvre) ralentissent l'action respiratoire ; et ce dernier agit sur les reins en raison de l'huile volatile qu'il contient ; on ne connaît pas bien l'effet du *wisky* sur les poumons ; mais le *rhum*, de même que la *bière* et l'*ale*, soutient et augmente les forces vitales ; le même docteur ajoute, que le mélange autrefois à la mode, de *rhum* et de *lait*, est l'élément le plus restaurateur qu'il ait jamais connu.

Liebig pense que l'acool est brûlé ou oxydé dans le système, et qu'il est par conséquent un agent calorifique ; mais les recherches de Lallemand, de Perrin et de Duray, de même que celles du Dr Edward Smith, ont démontré qu'une grande partie de l'alcool traverse le système sans éprouver d'altération, et apparaît dans l'haleine et la transpiration, de même que dans les urines. Ils concluent de là que l'alcool n'est pas un aliment, mais simplement un excitant pour les centres nerveux. D'un autre côté, le Dr Thudicum, dans une expérience faite assez en grand sur des étudiants de sa classe (ils étaient 33), a trouvé que, des 4000 grammes d'alcool contenus dans 44 bouteilles de vin qu'ils avaient bues dans une séance, 10 grammes seulement étaient apparus dans les urines : en supposant que 10 grammes de plus aient été exhalés par l'haleine et par la peau, il conclut que 0.5 pour cent seulement d'alcool se sont échappés sans avoir éprouvé de changement. Il croit donc que l'alcool s'oxyde dans le corps, et qu'il est un véritable aliment.

Les expériences de Poiseulle ont prouvé que l'alcool est un agent physique aussi bien que chimique et physiologique ; car, ayant la propriété de ralentir l'écoulement des liquides par des tubes étroits, il peut exercer une action analogue sur les mouvements du sang dans les vaisseaux capillaires. Il a trouvé, par exemple, que, si l'écoulement d'une certaine quantité d'eau par un petit tube se faisait en 575.8 minutes, et de sérum du sang en 1048.5 minutes, l'écoulement de la même quantité de vin de Madère dans les mêmes circonstances exige 1138 minutes, de vin blanc de Sillery 1463 minutes, et de rhum de la Jamaïque 1832 minutes. Les fonctions de l'alcool sont donc manifestement d'une nature compliquée ; ajoutons que le sujet tout entier est très-obscur et a grand besoin que la science parvienne à l'éclairer. Comme pour ce qui tient au thé et à ses analogues, on en est encore à la période de l'empirisme, et on attend une explication philosophique.

Parlons enfin des fonctions des condiments, tels que les *poivres*, la *moutarde*, les *épices*, etc. Ce sont simplement des stimulants des organes de la digestion, qui provoquent l'écoulement de la salive, du suc gastrique, des autres sécrétions intestinales, et qui activent les mouvements péristaltiques des viscères. Ils favorisent ainsi le travail de la digestion ; et, en donnant du goût aux aliments, ils aiguisent l'appétit, et excitent à manger.

Un mets indifférent est ainsi rendu agréable, et ladigestion en est accélérée.

Maintenant, nous sommes en mesure d'étudier une question qui est comme le complément de ce que nous avons dit sur les fonctions des aliments; cette question est celle des propriétés mécaniques et thermiques, et aussi des pouvoirs engraissants des diverses sortes d'aliments.

Le Dr Frankland a déterminé avec beaucoup de soin les valeurs calorifiques de différentes substances employées comme aliments ; et, en rappelant que la chaleur nécessaire pour élever d'un degré centigrade la température d'un kilogramme d'eau représente une force mécanique capable d'élever un poids de 424 kilogram. à un mètre de hauteur, il est aisé de calculer l'énergie active d'une substance d'après son pouvoir thermique, lorsqu'elle brûle dans l'oxygène, ou lorsqu'elle est moins parfaitement consumée dans le corps d'un animal. En nous plaçant successivement à ces deux points de vue, nous trouverons que les énergies de différentes substances alimentaires, peuvent être exprimées comme il suit :

Énergie réelle de 1 gramme de la substance, dans son état naturel, lorsqu'elle est complétement brulée dans l'oxygène et lorsque par l'oxydation, dans le corps d'un animal, elle est transformée en acide carbonique, eau et urée.

	Eau dans 100 parties de la substance.	Nombre de kilogrammes élevés à un mètre de hauteur, lorsque la substance est brûlée dans l'oxygène.	oxydée dans le corps.
Beurre	15	3077	3077
Fromage de Cheshire	24	1969	1846
Gruau	15	1696	1665
Farine de froment	15	1669	1627
Farine de pois	15	1667	1598
Arrowroot	18	1657	1657
Riz moulu	13	1615	1591
Jaune d'œuf	47	1449	1400
Sucre en pain	19	1418	1418
Sucre de raisin	20	1388	1388
Œuf entier	62	1009	966
Mie de pain	44	945	910
Jambon	54	839	711
Maquereau	71	758	683
Maigre de bœuf	71	664	604
Maigre de veau	71	656	496
Bière forte de Guiness	88	455	455
Pommes de terre	73	429	429
Merlan	80	383	335
Ale de Bass	88	328	328
Blanc d'œuf	86	284	244
Lait	87	280	266
Carottes	86	223	220
Chou	89	184	178

On comprend que, pour obtenir ces résultats dans le corps d'un animal, il faut que les substances soient complétement absorbées, et entièrement transformées par l'oxydation en acide carbonique, urée, etc.

D'après ces données, on peut dire qu'un régime de *repos* de 56 grammes d'aliments azotés secs, et de 425 grammes d'aliments carbonés, calculés comme amidon, pour chaque jour; et un régime de *travail* de 170 grammes de matière azotée sèche, et de 737 grammes de matière carbonée sèche, pour chaque jour, ont les énergies mécaniques suivantes :

	Nombre de kilogrammes élevés à un mètre de hauteur lorsque la substance est	
	brûlée dans l'oxygène.	oxydée dans le corps.
Régime de repos. ...	873.743	747.028
Régime de travail....	1845.625	1578.194

Mais la quantité de travail réel que peut faire le corps humain n'approche pas de ces nombres. En effet, quoique le travail d'un homme en un jour soit très-considérable, qu'il s'élève à 414760 kilogrammètres lorsqu'il charge du fumier sur une voiture, et à 207380 kilogrammètres lorsqu'il pousse ou qu'il tire horizontalement, cependant la moyenne ne dépasse pas 133810 kilogrammètres, comme on peut le voir dans ce tableau :

Nature du travail.	Quantité de travail en kilogrammètres.	Autorités.
Ouvrier maçon transportant des briques.	224970	Mayhen.
Ouvrier arrachant de la houille........	178847	—
Ascension au Folhorn................	148656	Wislicenus.
Id.	129096	Fick.
Montant une roue..................	139361	Mayhen.
Id.	119059	Ed. Smith.
Attaché à un manége..................	115824	Coulomb.
Piéton (20 milles par jour)...........	109499	Haugthon.
Id.	109042	Coulomb.
Portefaix............................	101270	—
Id.	96316	Haugthon.
MOYENNE.....................	133810	

Même en ajoutant le travail interne du corps d'un homme, comme les battements du cœur et les mouvements de la respiration, la somme totale ne dépasse pas beaucoup deux cent mille kilogrammètres par jour.

	kilogrammètres.
Travail extérieur ou travail réel....................	133 810
Travail de la circulation (75 battements en une minute).	69 120
Travail de la respiration (15 en une minute)........	13 608
Travail total par jour et pouvant être évalué.........	216 538

Il est donc évident qu'une grande partie de nos aliments échappe à la digestion et à l'absorption ; en effet, le pouvoir thermique de la nourriture réellement consumée en un jour, étant estimé d'après la quantité d'acide carbonique exhalé et d'urée sécrétée, suffirait à élever d'un degré centigrade la température de 2.520 kilogrammes d'eau, ce qui équivaut à une force de 1067333 kilogrammètres ; de sorte que le travail effectif de la nourriture est environ un cinquième de son énergie réelle, et le reste de la force est consommé en mouvements moléculaires dans l'intérieur du corps. Hemholtz assure que le travail extérieur doit être le cinquième de la force mécanique des aliments digérés; mais il faut que le travail soit bien appliqué pour que cette proportion soit atteinte.

Dans les machines à vapeur, suivant sir William Armstrong, la dixième partie seulement de la puissance réelle du combustible est réalisée en travail. La force est donc plus utilisée dans la machine humaine que dans la machine à vapeur ; et, en effet, Heidenham et d'autres admettent que la moitié au moins de la force appliquée aux muscles vivants, c'est-à-dire développée dans leur tissu, est utilisée. Mais, quoique la machine animale soit plus productrice de force que la machine à vapeur, cependant, à cause du prix du combustible, etc., elle est bien plus dispendieuse. Si l'on prend, par exemple, une machine à vapeur de la force d'un cheval (c'est-à-dire, d'une force capable d'élever un poids de 4562 kilogrammes à la hauteur d'un mètre en une minute), il faudra en réalité deux chevaux ou vingt-quatre hommes pour faire le même travail, et la dépense dans une journée de dix heures, sera de 95 centimes pour la machine à vapeur, de 9 fr. 35 cent. pour les deux chevaux, de 50 fr. pour les vingt-quatre hommes.

Le Dr Frankland a estimé le poids et le prix des divers aliments qui doivent être oxydés dans le corps pour élever 65 kilog. (un homme de petite taille) à la hauteur de 3000 mètres, en supposant que le cinquième seulement de l'énergie réelle des aliments soit manifestée en travail extérieur. Voici une partie du tableau qu'il a dressé :

	Poids en grammes.	Valeur en francs.
Gruau d'avoine..........	580.35	0.350
Fleur de farine..........	594.54	0.375
Farine de pois..........	605.83	0.450
Pain..................	1061.63	0.475
Pommes de terre.........	2295.94	0.525
Riz....................	608.66	0.550
Graisse de bœuf..........	257.96	0.550
Fromage de Cheshire.....	523.74	1.150
Choux..................	3444.01	1.225
Beurre.................	314.24	1.250
Œufs cuits durs.........	999.34	1.450
Sucre en pain...........	682.27	1.500
Lait...................	3632.17	1.550
Maigre de bœuf..........	1599.52	4.250
Bière forte de Guiness....	6 ¾ bouteilles.	6.750
Pale ale de Bass.........	9 —	9.000

On voit que la puissance motrice des aliments gras est bien plus grande que celle de la viande maigre ou des substances farineuses, et cela s'accorde avec l'expérience; car il y a longtemps que les classes ouvrières ont reconnu que le lard gras était une excellente nourriture pour un fort travail. Son efficacité peut, en grande partie, dépendre de la facilité avec laquelle il est intégralement digéré et utilisé dans le corps.

Les *fonctions engraissantes* des aliments sont sujettes à de grandes variations, tenant, non-seulement aux aliments eux-mêmes, mais encore au tempérament de l'individu qui les consomme. C'est un fait qui a été parfaitement observé, et qui est bien connu des éleveurs de bestiaux. MM. Lawes et Gilbert ont constaté dans leurs expériences sur l'engraissement des bœufs, des moutons et des porcs, que des quantités très-différentes d'aliments sont nécessaires pour produire chez ces différentes espèces d'animaux la même augmentation de poids. Si, par exemple, des bœufs et des moutons sont nourris de la même manière, c'est-à-dire avec des tourteaux, du foin et des navets, chaque bœuf consommera 1109 kilog. de substance sèche, pour une augmentation de 100 kilog. dans le poids qu'il a étant vivant, tandis que chaque mouton peut donner le même résultat en ne consommant que 912 kilog., et que des porcs engraissés avec de la farine d'orge, acquerront la même augmentation de poids en consommant seulement 420 kilog. de substance sèche. Les porcs retiennent donc environ un quart de leur nourriture, évaluée de cette manière; les moutons, environ un neuvième, et les bœufs, seulement un onzième.

Les proportions des divers éléments de la nourriture sont aussi très-diversement employées par ces animaux;

car, sur 100 parties des aliments secs qu'ils mangent, les différentes quantités des matières azotées, carbonées et minérales sont distribuées comme il suit :

CLASSES d'animaux	ÉLÉMENTS de la nourriture sèche	PROPORTIONS des aliments secs	PROPORTIONS retenues dans l'animal	PROPORTIONS qui passent dans le fumier	PROPORTIONS perdues dans la respiration
Bœufs........	azotés.........	19.66	0.8	29.1	57.3
	carbonés.......	72.86	5.2		
	minéraux......	7.48	0.2	7.4	—
		100.00	6.2	36.5	57.3
Moutons......	azotés........	19.41	0.8	25.1	60.1
	carbonés.....	73.57	7.0		
	minéraux.....	7.02	0.2	6.8	—
		100.00	8.0	31.9	60.1
Porcs.........	azotés.........	12.38	1.7	14.3	65.7
	carbonés......	85.00	15.7		
	minéraux	2.62	0.2	2.4	—
		100.00	17.6	16.7	65.7

De sorte que le pouvoir d'assimilation a son grand maximum chez les porcs, et son minimum chez les bœufs; voici en effet, sur 100 parties des différents éléments de la nourriture, les proportions retenues par les différents animaux :

	Porcs.	Moutons.	Bœufs.
Sur 100 d'éléments azotés.....	13.5	4.2	4.1
Sur 100 d'éléments carbonés..	18.5	9.4	7.2
Sur 100 d'éléments minéraux..	7.3	3.1	1.9

On remarquera que les proportions perdues dans la respiration sont très-différentes dans les trois cas; car elles sont au maximum chez les porcs, où elles approchent de 66 pour cent de toute la nourriture consommée, et elles se trouvent au minimum chez les bœufs où elles ne sont que de 57.3 pour cent. Ces proportions représentent le travail vital du corps pour son développement et son entretien.

Le temps employé pour produire la graisse et le tissu musculaire n'est pas non plus le même pour ces différents animaux ; car le poids du porc augmente par semaine de 6 à 6.5 pour cent ; celui du mouton n'augmente pas de plus de 1.75 pour cent ; celui du bœuf augmente seulement de 1 pour cent. Quelques-unes de ces différences sont dues sans doute à la qualité de la nourriture qu'ils prennent ; car les porcs sont engraissés avec une substance nourrissante et facile à digérer, la farine d'avoine ; tandis que les moutons et les bœufs sont nourris avec des aliments contenant une grande quantité de tissu cellulaire et de fibres ligneuses. Et ici il faut remarquer que la faculté d'utiliser les variétés inférieures d'aliments est très-différente pour les différentes classes d'animaux. L'homme, ainsi que je l'ai déjà dit, est incapable de digérer la fibre ligneuse, ou même les espèces trop dures de cellulose ; il est même douteux, à vrai dire, qu'il puisse digérer aucune espèce de cellulose. Le porc, de son côté, n'a pour cela qu'une faculté très-limitée ; tandis que le bœuf et le mouton, et généralement les herbivores, peuvent manger des tissus ligneux avec avantage, et les convertir en chair et en graisse. Il résulte de là qu'en mangeant de la viande, nous utilisons les facultés digestives des autres animaux ; ils emploient, en effet, leur estomac à faire pour nous ce que nous ne pourrions pas faire nous-mêmes. Ceci, comme le dit M. Lawes, est prouvé non seulement par le témoignage de l'expérience commune, mais aussi par certains faits anatomiques relatifs à la structure et au volume comparés de l'estomac dans les différents animaux. Dans les bœufs, par exemple, l'estomac pèse 32 grammes pour chaque kilogramme du poids de l'animal vivant; dans les moutons, il pèse 24 grammes; dans les porcs, 8 grammes; et dans l'homme, seulement 3.5 grammes. Il est évident, par conséquent, que la nourriture de l'homme doit être plus concentrée que celle des animaux inférieurs; et qu'il agit sagement en mangeant de la viande et de la graisse, qui sont la véritable nourriture essentielle ; car, par là, il économise le travail, et il emploie les facultés d'assimilation des autres êtres pour faire passer les matières les plus crues sous une forme nourrissante et facile à digérer. Il est vrai que l'homme, aussi bien que les animaux, peut convertir l'amidon et le sucre en graisse, et les qualités inférieures d'albumine en chair; mais, dans ce travail, il dépense beaucoup de force; car, dans le cas de la graisse, il dépense deux fois et demie l'énergie potentielle du sucre et de l'amidon.

Ainsi donc, en considérant d'un point de vue élevé les fonctions des aliments, et en regardant le corps animal comme une machine dans laquelle l'énergie potentielle est rendue active, il semble que son principal office est de développer de la force par l'oxydation des carbures d'hydrogène contenus dans le sang, et non par l'oxydation des tissus. Une partie des tissus se détériore sans doute, par la transformation de son énergie en d'autres formes d'action, et cette énergie a besoin d'être restaurée; mais la détérioration est à peine plus rapide dans un moment que dans un autre, et elle n'est, dans aucun cas, lorsque l'alimentation est suffisante, une cause de travail mécanique. « Dans l'homme, » dit le Dr Frankland, « les substances qui produisent surtout la force musculaire ne sont pas azotées ; mais une matière azotée peut aussi être employée dans le même but ; et de là le développement d'azote considérable qu'on voit se produire sous l'influence d'un régime de viande, même sans augmentation d'exercice musculaire. Les matières non azotées qui entrent dans le sang cèdent leur énergie *potentielle* aussi bien que leur énergie *réelle ;* tandis que les matières azotées, en quittant le corps sous la forme d'urée, entraînent une partie (au moins le septième) de leur énergie potentielle non dépensée. La transformation de l'énergie potentielle en puissance musculaire est nécessairement accompagnée de production de chaleur dans l'intérieur du corps, même lorsque la puissance musculaire est exercée extérieurement. C'est là, sans doute, la principale et probablement la seule source de la chaleur animale. »

TROISIÈME CONFÉRENCE.

Composition des régimes diététiques. — Préparation et traitement culinaire des aliments.

Pour composer un régime, plusieurs choses sont à considérer, savoir : 1° La détermination des besoins réels du corps, d'après les différentes circonstances d'âge, de sexe, de constitution, de travail et de climat ; 2° un choix convenable d'aliments, en tenant compte de la qualité du pouvoir nutritif, des propriétés appétissantes, de la facilité d'être digérés et du prix de chacun d'eux ; 3° l'association des aliments faite de telle sorte qu'ils ne nuisent pas à l'appétit et ne surchargent pas les fonctions digestives ; 4° un traitement convenable des aliments par des procédés culinaires, etc., de manière à leur faire produire dans le système le plus grand effet possible ; 5° une juste distribution de la nourriture de chaque jour dans des repas bien coordonnés.

Pour la première question, savoir : *la détermination des besoins réels du corps*, on peut y répondre par deux genres de faits : les uns se rapportent aux quantités minimes de nourriture que l'on peut prendre sans altérer la santé ou la vigueur du corps ; les autres servent à faire connaitre les quantités de carbone et d'azote qui se dégagent du corps dans les différentes circonstances.

On peut dire d'une manière générale qu'un homme sain et vigoureux peut consommer en une année une quantité d'aliments solides qui, à l'état sec, pèseraient de

320 à 360 kilogrammes, ce qui fait au maximum près d'un kilogramme par jour et au minimum environ 0,8 kilogrammes. La quantité d'eau (tant libre que combinée) est d'environ 2,535 kilogrammes par jour.

En poussant les recherches un peu plus loin, on trouve qu'un homme ne peut pas vivre à un régime de prison d'un demi-kilogramme de pain par jour avec de l'eau; car, au bout de trois jours, il aurait perdu plus d'un kilogramme de son poids, et commencerait à donner des signes sensibles d'épuisement. Ce régime contient 37 grammes de matière azotée et 238 de matière carbonée (= 123,4 grammes de carbone et 5,83 d'azote). Les pauvres couturières de Londres ne peuvent même subsister que tout juste, dans un état de vitalité faible, avec une nourriture moyenne de 670 grammes de pain par jour et environ 28 de graisse (*dripping*). Cette nourriture contient à peu près 57 grammes de matière azotée et 414 de matière carbonée, estimée sous la forme d'amidon (= 212 grammes de carbone et 8,7 d'azote). Dans les prisons militaires, où l'on donne aux prisonniers, par jour, pendant une détention de courte durée, 106 grammes de nourriture azotée et 631 grammes de nourriture carbonée (= 446,7 grammes de carbone et 16,5 d'azote), ils perdent souvent du poids et donnent des signes évidents de dépérissement; de sorte que, pour une plus longue durée de la détention, l'on a jugé nécessaire d'augmenter la nourriture jusqu'à 133 grammes de matière plastique et 788 de matière respiratoire (= 560,7 grammes de carbone et 20,5 d'azote). En effet, suivant le Dr Christison, les hommes détenus dans la prison de Perth ne peuvent faire le travail de pomper l'eau pour la prison avec un régime quotidien de 170 grammes de matière plastique et 709 de matière respiratoire (= 469,1 grammes de carbone et 26,2 d'azote).

En outre, le Dr Edward Smith, dans ses recherches sur le régime des ouvriers adultes mâles du Lancashire et du Cheshire, pendant la famine du coton, et aussi des ouvriers de l'Angleterre nourris à bas prix, a trouvé que la quantité de nourriture, tout justement suffisante pour soutenir l'existence, devait contenir 80,5 grammes de matière azotée, et 546 de matière carbonée (= 278,6 grammes de carbone et 13 d'azote). Ces quantités sont contenues dans 992 grammes de pain, que l'on regarde comme un régime de famine. Les ouvriers de ferme de l'Angleterre consomment par jour en moyenne 90 grammes de matière plastique et 737,4 de matière respiratoire. En Ecosse, dans le pays de Galles et en Irlande, les quantités sont un peu plus grandes, comme on peut le voir par ce tableau :

RÉGIME MOYEN DE CHAQUE JOUR POUR LES OUVRIERS DE FERME DANS LE ROYAUME-UNI.

	Matière azotée sèche.	Matière carbonée sèche		Carbone.	Azote.
	grammes.	grammes.		grammes.	grammes
En Angleterre......	90.0	737,4	=	382,3	18,8
Dans le pays de Galles.	116.8	885.1	=	447.2	14.8
En Écosse....... ..	134.9	888.5	=	408.0	24.9
En Irlande.........	140.0	814.5	=	401.4	22.5
Moyenne pour tous	120.5	824.1	=	415.2	19.4

Tels sont les résultats des recherches faites sur le régime de plusieurs centaines de familles, résultats calculés pour les adultes. Or, il est très-probable, comme le Dr Smith le remarque, que ces quantités sont un peu au-dessus de la moyenne indispensable. Ceci est en effet confirmé par les recherches plus étendues du Dr Lyon Playfair, qui conclut d'une longue suite d'observations, que l'on peut regarder les nombres suivants comme les proportions moyennes des différents éléments essentiels de la nourriture, dans le régime de chaque jour d'un homme adulte, dans différentes circonstances de l'existence :

RÉGIME QUOTIDIEN.	Viande	Graisse	Amidon et sucre.		Matière azotée.		Matière carbonée calculée comme amidon.
	grammes	grammes	grammes		grammes		grammes
Pour la subsistance seule	56.7	14.2	340.2	=	56.7	+	368.5
— le repos.........	70.9	28.6	340.2	=	99.2	+	408.2
— l'exercice modéré.	119.1	51.0	530.1	=	119.1	+	526.7
— le travail actif.....	144.9	70.9	567.0	=	144.9	+	737.1
— le travail dur......	184.3	70.9	567.0	=	184.3	+	737.1

Ces conclusions s'accordent très-bien avec les déterminations de Pettenkofer et Voit, qui disent qu'un adulte a besoin chaque jour, lorsqu'il travaille, de 148 grammes de matière azotée et de 626 de matière carbonée (calculée comme amidon). En prenant donc la moyenne de toutes ces recherches, on peut dire qu'un homme a besoin pour chaque jour des quantités suivantes de matière carbonée et de matière azotée, dans l'état de désœuvrement, de travail ordinaire et de travail actif :

Régime quotidien pour	Matière azotée	Matière carbonée		Carbone.	Azote.
	grammes	grammes		grammes	grammes
Désœuvrement..	74.7	477.1	=	249.7	12.1
Travail ordinaire	129.3	694.0	=	373.0	20.7
Travail actif....	164.7	689.2	=	378.2	25.9

En suivant la seconde méthode de recherches, et en estimant les besoins du corps d'après les quantités de carbone et d'azote exhalées et sécrétées, on trouve que la proportion de carbone dégagé sous la forme d'acide carbonique des poumons d'un homme en santé varie de 170 à 383 grammes par jour; la différence dépend de la température, de l'exercice, etc. Le Dr Smith dit que cette proportion est de

222.5 grammes par jour quand le corps est en repos;
258.3 grammes id. avec un exercice modéré;
365.7 grammes id. avec un travail considérable.

Et il observe qu'un homme sain d'un poids moyen (68 kilog.) émet 243 grammes de carbone de ses poumons par jour; ce qui, ajouté à la quantité qui s'en va par la peau et les intestins, ne fait pas moins de 272.2 grammes par jour, ou juste 1.81 grammes par livre du poids de l'homme. Il dit que, pendant un travail léger, cette quantité s'élève de 272 à 298 grammes, et pendant un travail dur de 354 à 397 grammes.

La quantité d'azote excrété à l'état d'urée etc. dans l'urine est aussi sujette à de grandes variations, suivant le régime et l'exercice. Le Dr Parkes a trouvé dans ses expériences sur deux soldats qu'avec un régime ordinaire et sans exercice, cette quantité s'élevait à 291 milligrammes par kilogramme du poids du corps (19.5 grammes pour 68 kilogrammes); qu'avec une nourriture azotée et sans exercice, elle était de 137 milligrammes par kilogramme du poids du corps (9.2 grammes pour 68 kilogrammes); et qu'avec la même nourriture et un exercice actif, elle était de 344 milligrammes par kilogramme (23.6 grammes pour 68 kilogrammes).

Les professeurs Fick et Wislicenus ont observé que l'azote sécrété pendant un régime ordinaire et sans exercice, était de 199 milligrammes par kilogramme du poids du corps (13.2 grammes pour 68 kilogrammes) : et que cette quantité tombait à un peu moins de 143 milligrammes par kilogramme avec une nourriture non azotée, pendant le travail de l'ascension au Faulhorn.

Les recherches du Rév. Dr Haughton, de Dublin, l'ont conduit à conclure qu'un homme de taille moyenne, exécutant un travail routinier, sécrétait par jour 12.1 grammes d'azote à l'état d'urée (178 milligrammes par kilogramme du poids total); et le Dr Edward Smith a estimé cette quantité de 60 à 91 milligrammes par 454 grammes, une bonne moyenne serait 75 milligrammes (11.2 grammes pour 68 kilogrammes).

Les recherches plus étendues de Playfair, Ranke, Beigel, Moos, Vogel et autres, donnent une moyenne par jour de 11.1 grammes d'azote à l'état d'urée pour un homme en santé et au repos, de 16.3 grammes lorsqu'il fait un travail ordinaire.

On peut conclure avec assurance que soumis à un régime ordinaire, un homme de moyenne taille excrète par jour à l'état d'urée 11.3 grammes d'azote; et que pendant un travail modéré cette quantité s'élève à 16.2 gr. En ajoutant à ces nombres les proportions d'azote excrété sous d'autres formes dans l'urine, et les quantités qui s'échappent des intestins, on arrive au nombre probable de 12.3 grammes pendant le repos, et 19.4 grammes pendant un travail routinier; la différence dépend bien plus, peut-être, de la nourriture que de la métamorphose ou transformation des tissus du corps.

Il semble donc que les proportions de carbone et d'azote excrétés correspondent très-exactement à celles qui sont contenues dans la nourriture que l'expérience a prouvée être nécessaire pour la subsistance d'un homme; car en disposant les résultats en tableau, on obtient ce qui suit :

CE QU'IL FAUT AU CORPS PAR JOUR

		Alim. azot. grammes	Alim. carb. grammes		Carbone. grammes	Azote. gram.
Pendant le repos déterminé	Pour le régime..	75.7	477.1	=	249.7	12.1
	Par les excrétions	78.8	523.6	=	272.2	12.3
	Moyenne.........	77.1	500.4	=	312.8	12.2
Pendant un travail routinier déterminé	Pour le régime..	129.3	500.1	=	260.8	12.2
	Par les excrétions	124.4	562.3	=	311.9	19.4
	Moyenne.........	127.0	637.8	=	342.4	20.1

La première de ces moyennes est représentée par 964 grammes de pain, et la seconde par environ 1 kil. 588 gr.

Il paraît aussi que le rapport des aliments azotés aux éléments carbonés des aliments doit être d'environ 1 à 5 ½ ou 6. Telles sont, en effet, les proportions que MM. Lawes et Gilbert ont trouvé être les mieux appropriées pour l'engraissement des porcs. Dans le lait, ces proportions sont de 1 à 3.6 (le beurre étant calculé comme amidon); et ce sont sans doute les vraies proportions pour le régime des enfants. Ensuite on observera que le rapport de l'azote au carbone est presque comme 1 à 19; tandis que, dans le lait, il est de 1 à 11 environ. En se reportant au tableau IV, on remarquera que les proportions dans le pain sont comme 1 à 22, et dans la viande comme 1 à 13, ce qui fait voir que le premier a besoin qu'on lui ajoute une substance plastique, et la seconde une substance respiratoire.

Mais, dans la fixation d'un régime, il vaut mieux prendre la question sous un point de vue plus large, et par conséquent j'adopterai les conclusions du Dr Edward Smith, que même dans la période de désœuvrement la nourriture de chaque jour pour un homme ne doit pas contenir moins de 4 300 grains de carbone, avec 200 d'azote ; et pour une femme au moins 3,900 grains de carbone avec 180 d'azote, ce sont les proportions qui, d'après lui, sont nécessaires pour prévenir les maladies d'épuisement ; elles sont représentées dans le cas de la nourriture d'un homme par 19.25 onces d'aliments carbonés avec 2.84 d'aliments azotés. Le tableau ci-dessous représente les quantités de différentes sortes d'aliments capables de fournir cette quantité de matière azotée ; il montre en outre les proportions de matière carbonée (calculée comme amidon) qui lui sont associées :

QUANTITÉS DE NOURRITURE FOURNISSANT 200 GRAINS D'AZOTE OU 2.84 ONCES DE MATIÈRE PLASTIQUE NÉCESSAIRE POUR L'ALIMENTATION D'UN HOMME PAR JOUR.

NATURE DES ALIMENTS.		Matière carbonée qu'ils contiennent.	Carbone qu'ils contiennent.	
	Onces.	Onces.	Grains.	
Fromage maigre . . .	8.8	5.57	1290	Carbone insuffisant.
Poisson blanc.......	24.6	5.99	1384	
Lait écremé........	94.1	8.96	2059	
Pois...............	12.6	9.33	2141	
Lait frais..........	91.4	9.40	2160	
Viande maigre......	18.3	11.36	2629	
Gruau.............	22.9	17.54	4000	

NATURE DES ALIMENTS.	Matière carbonée qu'ils contiennent. Onces.	Onces.	Carbone qu'ils contiennent. Grains.	
Fleur de froment....	26.7	19.28	4433	Carbone en excès.
Pain de boulanger...	35.6	19.28	4433	
Farine de maïs	26.0	19.83	4554	
Farine de seigle.....	36.4	26.40	6046	
Farine d'orge.......	45.7	34.02	7800	
Riz................	45.7	34.02	7800	
Lard.............	32.6	38.04	8714	

Ainsi, tandis que les sept premières de ces substances n'ont pas assez de matière carbonée (il en faut 19.25 onces), les sept dernières en contiennent un excès. Il n'est donc pas difficile de composer un régime avec les différentes tables que j'ai placées sous vos yeux; mais peut-être y aurait-il pour vous de l'intérêt à connaître exactement quels sont les régimes actuellement en usage parmi les différentes classes de personnes. J'appellerai d'abord votre attention sur les résultats trouvés par le Dr Edward Smith relativement au régime hebdomadaire moyen des ouvriers nourris à bas prix de l'Angleterre, du pays de Galles, de l'Ecosse et de l'Irlande.

RÉGIME HEBDOMADAIRE DES OUVRIERS NOURRIS A BAS PRIX,
CALCULÉ POUR ADULTES (Dr E. SMITH).

CLASSES D'OUVRIERS.	Pain	Pommes de terre	Sucre	Graisse	Viande	Lait	fromage	Thé	CONTENANT Carbone	Azote	Prix
	onces.	onces.	once	onces.	onces.	onces.	onces.	onces.	grains	grains	sh. d.
Couturières (Londres).....	124.0	40.0	7.3	4.5	16.3	7.0	0.5	1.3	22900	950	2 7
Ouvriers en soie (Coventry).	166.5	33.7	8.5	3.6	5.3	11.6	1.0	0.3	27028	1104	1 113/4
Id. *Id.* (Londres).	158.4	43.8	8.8	5.5	11.9	4.3	0.3	0.6	48288	1165	2 83/4
Id. *Id.* (Macclesfield).	138.8	26.6	6.3	3.4	3.2	41.9	0.9	0.3	27346	1177	1 81/2
Gantiers. (Yeovil).........	140.0	81.0	4.3	7.1	18.3	18.3	10.0	0.9	28623	1213	2 91/2
Fileurs de coton (Lancashire)	161.8	22.6	14.0	3.1	5.0	11.8	0.7	0.7	29214	1295	2 3
Bonnetiers (Derbyshire)...	190.4	64.0	11.0	3.9	11.9	25.0	2.2	0.4	33537	1316	2 61/4
Cordonniers (Coventry)....	179.8	56.0	10.0	5.8	14.8	18 0	3.3	0.8	31700	1332	2 73/4
Manouvriers (Angleterre)..	196.0	96.0	7.4	5.5	16.0	32.0	5.5	0.5	40673	1594	3 0
Id. (Pays de Galles).	224.0	138.7	7.5	5.9	10.0	85.0	9.8	0.5	48354	2031	3 51/2
Id. (Écosse).......	204.0	204.0	5.8	4.0	10.3	124.8	2.5	0.7	48980	2348	3 33/4
Id. (Irlande).......	326.0	92.0	4.8	1.3	4.5	135.0	»	0 3	43366	2434	1 93/4
Moyenne de tous........	184.2	78.1	8.0	4.5	10.7	41.9	3.1	0.5	34167	1500	2 73/4
Moyenne par jour.......	26.3	11.1	1.4	0.6	1.5	6.1	0.4	0.1	4881	214	0 41/2

On voit par ce tableau que les pauvres couturières de Londres sont les plus mal nourries de tous les ouvriers dans les trois royaumes, car elles subsistent avec une ration hebdomadaire de 102.52 onces d'aliments carbonés et de 13.49 onces d'aliments azotés (= 14.65 onces de matière carbonée avec 1.93 onces de matière azotée par jour), tandis que les ouvriers de ferme de l'Irlande sont les mieux nourris de ceux qui appartiennent aux classes ouvrières inférieures, eu égard à la valeur nutritive réelle de leurs aliments. Mais on remarquera que le prix de la nourriture de l'ouvrier irlandais n'est que de 1 sh. 9 ¾ d. par semaine, tandis que celui de la nourriture des couturières est de 2 sh. 7 d., parce que celles-ci se nourrissent principalement de pain, de lard et de thé, aliments qui coûtent cher, tandis que les premiers consomment des pommes de terre, du lait et du maïs, qui contiennent plus d'éléments nourrissants à égale valeur monétaire, que les aliments plus chers des ouvriers anglais, gallois et écossais. Comparons maintenant le régime des classes ouvrières les plus pauvres avec celui des personnes les mieux nourries, comme les soldats, les marins, les navigateurs, etc. ; je me servirai pour cela des rapports exacts obtenus et publiés par le Dr Lyon Playfair :

RÉGIME QUOTIDIEN DES OUVRIERS BIEN NOURRIS.

CLASSES D'OUVRIERS.	Viande.	Graisse.	Amidon et Sucre.	CONTENANT Matière carbonée.	CONTENANT Matière azotée.	CONTENANT Carbone.	CONTENANT Azote.
	Onces.	Onces.	Onces.	Onces.	Onces.	Grains.	Grains
Tailleurs tout nourris.....	4.61	1.37	18.47	21.64	4.61	5126	325
Soldats en temps de paix...	4.22	1.85	16.69	22.06	4.22	5246	297
Ingénieurs royaux (travail)	5.08	2.91	22.22	29.38	5.08	6494	358
Soldats en temps de guerre	5.45	2.41	17.92	23.48	5.41	5561	381
Matelots anglais..........	5.00	2.57	14.39	20.40	5.00	4834	252
Matelots français.........	5.74	1.22	23. 0	26.70	5.74	6379	405
Tisserands faisant un fort travail	5.33	1.53	21.89	25.42	5.33	6020	375
Crimée, ouvriers de marine	5.73	3.27	13.21	21.06	5.73	5014	404
Chemins de fer...........	6.08	3.82	27.81	37.08	6.84	8295	482
Forgerons...............	6.20	2.50	23.50	29.50	6.20	6864	437
Boxeurs (entraînement)...	9.80	3.10	3.27	10.70	9.80	4366	630
Moyenne de tous.........	5.81	2.42	18.63	24.31	5.81	5837	400
Moyenne pour les ouvriers nourris à bas prix......	3.04	0.64	21.18	22.78	3.04	4881	214

Dans tous ces cas les matières carbonées des aliments sont estimées comme amidon; et je puis dire que le régime des soldats en temps de paix est calculé d'après les rations du service anglais, français, prussien et autrichien ; le régime du temps de guerre est déduit de celles des soldats européens et américains dans les dernières guerres.

Il serait intéressant, si le temps me le permettait, de comparer ces régimes avec ceux des hôpitaux, des prisons, des workhouses, et des maisons d'aliénés; car nous reconnaîtrions alors non-seulement combien ils varient dans leur valeur nutritive, mais aussi combien on accorde peu d'attention aux principes qui doivent guider nos autorités publiques dans la composition du régime de nos établissements publics. Dans les prisons de l'Angleterre, de l'Ecosse et de l'Irlande, le régime pour des détentions de courte durée, aussi bien que pour des détentions plus longues, là où le travail est rude, varie tellement qu'on ferait naître la volonté de commettre des crimes dans certains districts plutôt que dans d'autres, à cause de l'abondance des rations des prisons; dans tous les cas le régime des prisons est si grandement supérieur à celui des workhouses que, dans les temps de détresse, il offre un encouragement au malfaiteur à viser par un délit à la prison de préférence au workhouses; en un mot, tandis que la ration quotidienne du malheureux pensionnaire du workhouse, ne contient qu'environ 17 onces de matière nutritive sèche, celle d'un débiteur insolvable contient 19.4 onces, et celle d'un criminel 22 onces; en outre, un prisonnier détenu pour plus d'un mois, sans travail pénible, dans les prisons de l'Angleterre, de l'Ecosse et de l'Irlande, aurait 18.8 onces de nourriture sèche dans les premières, 22.4 dans les secondes, et 23.9 dans les dernières; et les rations moyennes pour un travail dur sont respectivement de 21.7 onces, 31. 5 onces et 25.6 onces dans les prisons de ces contrées.

Le Dr Edward Smith a appelé l'attention sur le défaut grave d'uniformité dans les régimes des dépôts de mendicité de ce district, et il a pressé les autorités des workhouses de les améliorer. Il a soumis au Conseil privé des tableaux de régimes bien appropriés pour répondre aux besoins de l'organisme le plus économiquement possible.

RÉGIMES POUR FOURNIR AUSSI APPROXIMATIVEMENT QUE POSSIBLE A UN HOMME 30100 GRAINS DE CARBONE ET 1400 GRAINS D'AZOTE PAR SEMAINE, LES FEMMES PRENNENT UN DIXIÈME DE MOINS.

PRIX	1 s. 11 ¾ d.	2 s. 0 ½ d.	2 s. 3 ½ d.	2 s. 4 ½ d.	2 s. 6 d.	2 s. 7 ½ d.	2 s. 8 ½ d.	2 s. 10 ½ d.	3 s. 4 ½ d.	3 s. 5 ½ d.
	onces.	onces.	onces.	onces.	onces.	onces.	onces.	onces.	onces.	onces.
Pain	144	128	160	160	128	140	160	160	192	160
Fleur de farine pour pouding	..	..	..	..	..	..	..	16	16	8
Gruau	16	32	16	32	32	16	16	16	..	8
Pois	..	..	..	..	12	6	..	..	..	..
Riz	..	..	16	..	..	..	16	..	8	8
Sucre	..	4	4	..	4	4	4	4	8	8
Mélasse	..	16	8	8	8	..	8	12	8	8
Beurre	..	..	..	..	2	..	..	2	..	12
Jus de rôti	..	..	4	..	..	4	4	..	4	..
Graisse	..	..	..	..	..	..	..	4	4	2
Viande avec os	8	8	..	8	8	8	16	12	8	24
Harengs	..	..	..	..	4	..	..	..	..	..
Lard	..	..	..	8	4	08	..	..	8	..
Lait écrémé	70	140	60	70	120	20	70	120	70	100
Lait de beurre	60	..	80	..	..	..	60	..	60	..
Thé	..	..	..	..	..	11	..	..	0.5	0.5
Café et chicorée	..	2	2	..	1	5	2	2	1	1
	grains.	grains.	grains.	grains.	grains.	grains.	grains.	grains.	grains.	grains.
Valeurs nutritives… carbone	28031	29748	33552	34935	32998	33248	36499	36402	41519	36391
Valeurs nutritives… azote	1409	1291	1511	1548	1859	1609	1674	1638	1768	1620

Le régime des femmes doit être inférieur d'environ un dixième à celui des ouvriers qui travaillent à l'intérieur, et de $\frac{1}{3}$ ou de $\frac{1}{4}$ moindre que le plus fort régime des hommes qui travaillent au dehors.

Pour le régime des enfants, on peut dire généralement que la principale partie de leur nourriture doit être du lait. Jusqu'à l'âge de 9 ou 10 mois ce doit être du lait de femme, qui est plus riche en sucre que le lait de vache et bien moins riche en caséine ; mais à son défaut, le lait d'ânesse y supplée très-bien, parce qu'il contient à peu près la même quantité de sucre et de caséine que le lait de femme. MM. O. Henry et Chevalier ont donné les nombres suivants comme exprimant les proportions des différents éléments contenus dans 100 parties de lait de différents animaux :

	Lait d'anesse.	Lait de femme.	Lait de vache.	Lait de chèvre.	Lait de brebis.
Caséine........	1.81	1.52	4.48	4.02	4.50
Beurre.........	0.11	3.55	4.13	3.32	4.20
Sucre de lait....	6.08	6.50	4.77	5.28	5.00
Sels divers......	0.34	0.45	0.60	0.58	0.68
Total des parties solides	8.34	12.02	12.98	13.20	14.38
Eau...........	91.66	87.98	87.02	86.80	85.62
Total.......	100.00	100.00	100.00	100.00	100.00

On peut donc donner aux enfants du lait de vache, étendu d'un tiers environ de son volume d'eau, et édulcoré avec du sucre ; jusqu'à neuf ou dix mois on ne doit pas leur administrer d'autre nourriture, parce que les enfants n'ont pas la faculté de digérer des substances farineuses ou fibrineuses. Un enfant peut prendre d'un à deux litres par jour d'un lait ainsi dilué. Après dix mois, et jusqu'au vingtième mois environ, on peut mélanger avec le lait des matières farineuses dont on augmente graduellement la quantité; mais il faut les faire bien cuire et dissoudre parfaitement par l'ébullition. Passé cet âge et jusqu'à la troisième année, on peut encore augmenter la quantité des matières farineuses bien cuites, que l'on donne en poudings avec un peu d'œufs. Ils peuvent aussi manger du pain et du beurre : vers la fin de cette période l'enfant digérera des pommes de terre bien bouillies, avec un peu de jus de viande. De la troisième à la cinquième année on peut aussi lui donner un peu de viande, et à la neuvième année, il pourra prendre part à la nourriture ordinaire de la famille; mais pendant tout ce temps il devra prendre une grande proportion de lait sous les formes diverses de pain et de lait, ou de pouding de lait, avec des œufs. Vers la dixième année il faut à un enfant la moitié à peu près de la nourriture d'une femme ; à quatorze ans il mangera tout autant qu'une femme ; en réalité, la proportion de nourriture nécessaire à l'enfant est bien plus grande relativement au poids du corps que celle qu'il faut à un adulte, parce qu'il a à former ses tissus et à développer son corps. Le Dr Edward Smith estime que les proportions de carbone et d'azote dans les aliments de chaque jour à différents âges doivent être à peu près les suivantes :

PROPORTIONS POUR CHAQUE JOUR DE CARBONE ET D'AZOTE DANS LES ALIMENTS A DIFFÉRENTS AGES, PAR LIVRES DU POIDS DU CORPS.

	Carbone. Grains.	Azote. Grains.
Dans l'enfance.............	69	6.78
A l'âge de dix ans.........	48	2.81
A l'âge de 16 ans..........	30	2.16
Dans l'âge adulte..........	23	1.04
Dans l'âge moyen..........	25	1.13

De sorte que pour son poids l'enfant a besoin de trois fois autant de nourriture carbonée et de six fois autant de nourriture azotée qu'un adulte.

La composition de régimes pour des fins particulières, comme pour resserrer et développer le tissu musculaire, pour produire de la graisse, ou pour la diminuer, est en dehors du but de ces conférences ; mais l'on peut dire en général que, comme en resserrant le tissu musculaire, on a en vue de le rendre capable d'une action prolongée, et, en même temps, de diminuer le poids du corps, on y parvient en faisant usage d'aliments azotés, avec très-peu de matière grasse ou farineuse, et aussi peu de liquide que possible, de sorte que le tissu musculaire puisse remplacer la graisse et l'eau, et que par un exercice constant la fermeté du tissu soit augmentée et la proportion d'eau diminuée dans l'organisme. On dit que King s'étant proposé d'obtenir ce résultat, prenait pour son déjeuner deux côtelettes maigres de mouton insuffisantes pour satisfaire son appétit, avec du pain grillé ou rassis, et une seule tasse de thé sans sucre ; pour dîner, 1 livre ou 1 ½ livre de bœuf ou de mouton, avec du pain grillé ou rassis, très-peu de pommes de terre, ou de quelque autre substance végétale, une demi-pinte de vieille ale, et un verre ou deux de vin de Xérès ; à l'heure du thé, une seule tasse de thé non sucré, avec un œuf et un peu de rôti sec ; et pour souper un potage de gruau ou une demi-pinte de vieille ale. L'effet de ce régime est de produire un état momentané d'activité ; mais prolongé un peu au delà du temps voulu, il rend malade ; et, même lorsqu'on l'a seulement essayé, il en résulte souvent, comme c'est arrivé à Heenan, une terrible prostration de forces, en sorte qu'on est obligé d'en revenir au régime ordinaire.

Parmi les aliments qui développent les tissus gras, les premiers sont les corps gras, comme la graisse de viande, le beurre, la crème, etc., puis viennent les substances farineuses, comme l'arrow-root, les fécules les différentes farines ; et, après celles-ci, le sucre, l'alcool, etc. ; de sorte que, si l'on veut essayer de diminuer le volume du corps, il ne faut user de ces aliments, surtout des premiers, qu'avec une grande réserve. Si, au contraire, on veut engraisser, on doit faire usage d'aliments gras et de farineux auxquels on peut joindre des liquides fermentés, comme la bière et le porter ; ce dernier, quand les nourrices en boivent, est une des substances les plus propres à leur faire venir le lait.

Pour asssocier différentes sortes d'aliments, de manière à obtenir les justes proportions des principaux éléments de la nourriture : graisse, sucre ou amidon, et matière azotée, nous trouvons que nous pouvons non-seulement compter sur les saines indications de la science, mais encore nous confier, et nous confier en toute sécurité à la direction de notre instinct, qui ne peut nous tromper, pourvu qu'il n'ait pas été vicié par la mode ou perverti par de mauvaises habitudes. La science nous appreud que les meilleures proportions pour les besoins ordinaires du système animal sont environ 9 de graisse, 22 de tissu musculaire et 69 d'amidon et de sucre ; et l'expérience prouve aussi que ce sont justement les proportions que nous nous efforçons de maintenir dans notre régime de chaque jour. En m'appuyant sur les démonstrations graphiques de Liebig et de Johnston, je puis dire que toutes les fois qu'une matière alimentaire manque d'un des éléments normaux, nous l'associons invariablement à un autre qui con tient cet élément en excès. Certaines viandes, par exemple, qui manquent de graisse se mangent toujours avec des substances riches en graisse ; le lard est associé avec le veau, le foie et le poulet, ou bien on chaponne ce dernier et l'on augmente ainsi sa graisse naturelle. Nous préparons au beurre la plupart des poissons, ou nous les faisons frire dans l'huile ; tandis que le hareng, le saumon et l'anguille, ordinairement assez gras par eux-mêmes, sont fort souvent servis et mangés seuls. C'est pour établir ainsi une sorte d'équilibre, que nous mêlons des œufs et du beurre au sagou, au tapioca et au riz ; que nous ajoutons de l'huile et des jaunes d'œufs à la salade ; que nous faisons bouillir le riz avec du lait, et que nous mangeons du macaroni avec du fromage. Ce même instinct a fait adopter l'usage des végétaux avec de la viande, et du beurre avec du pain. Des herbes ou des fèves au lard, et du pouding de pois au porc gras, sont des mélanges qui ne doivent pas leur popularité uniquement à une vieille habitude ; il en est de même d'un plat, commun en Irlande, sous le nom de Kol-cannon ; dans lequel la pomme de terre, pauvre en gluten, et le chou, qui ordinairement en est richement pourvu, se trouvent mêlés et constituent une composition chimique qui se rapproche de celle du pain de blé. Mais chacune de ces substances est dépourvue de graisse ; ajoutez donc au mélange un peu de lard ou de porc gras, vous avez un kol-cannon qui a toutes les qualités du meilleur gruau écossais ; aussi, pour plusieurs est-il même plus savonreux et plus agréable. En outre, le mélange si commun en Irlande et en Alsace, de lait de beurre ou de lait caillé avec des pommes de terre, et les combinaisons de riz et de graisse qui font le régime des peuples de l'Orient ;

même le petit morceau de beurre sur la pomme de terre du pauvre, et le morceau de fromage qu'il mange à son dîner, sont des objets, non de luxe, mais de nécessité, qui prouvent comment, par une longue expérience, nous avons du moins appris à combiner les éléments immédiats de la nourriture, de façon à conserver le mieux possible la santé et la vigueur du corps.

Une autre question importante est celle des moments où il convient de prendre la nourriture et de sa *répartition en repas convenablement coordonnés;* bien que, sur ce point, on ait toujours subi l'influence des habitudes artificielles de la société. Les rapports que cette question peut avoir avec la modification de l'espèce humaine, et même avec l'extinction de certaines races d'hommes, sont un problème étiologique d'un haut intéret.

L'homme à l'état sauvage se nourrit d'une manière très-irrégulière ; quand il a de la nourriture en abondance, il mange du matin au soir, et ne connaît pas d'autre plaisir que de manger, boire et dormir ; lorsque, au contraire, la nourriture est plus rare, il se contente d'un seul repas dans la journée ; mais, dans les deux cas, la quantité d'aliments qu'il consomme est excessive. Les voyageurs rapportent que les Hottentots, les Bushmens et les habitants du sud de l'Afrique qui mènent ce genre de vie, sont prodigieusement gloutons. « Dix d'entre eux, dit Barron, mangèrent en ma présence un bœuf tout entier, excepté les jambes de derrière, en trois jours ; et les trois Bosjesmen qui accompagnaient mon fourgon, dévorèrent une fois un mouton en moins de vingt-quatre heures. » Parry, Ross et d'autres ont aussi raconté les choses les plus étonnantes de la faculté de manger des Esquimaux. Le capitaine Parry essaya jusqu'où pourrait aller sur ce point un jeune garçon à peine entièrement développé, et vit qu'en vingt-quatre heures, il avait mangé deux kilogrammes de chair de morse crue et gelée, la même quantité de cette chair bouillie ; 794 grammes de pain et de poussière de pain, le tout accompagné de près d'un litre de riche bouillon, d'un grand verre de fort grog, de trois verres de forte eau-de vie, et de cinq litres d'eau. Suivant sir John Ross, la ration quotidienne d'un esquimau est de 9 kilogrammes de chair et de graisse de baleine. Mais l'exemple le plus prodigieux de gloutonnerie est rapporté par le capitaine Cochrane, sur le témoignage de l'amiral russe Saritcheff : il lui assura qu'un individu Yakuti avait consommé en 24 heures le quartier de derrière d'un gros bœuf avec 9 kilogr. de graisse et une quantité proportionnée de beurre fondu. Pour confirmer la vérité de ce fait, il lui donna une soupe épaisse de riz bouilli avec 1 kilog. 1/2 de beurre, pesant ensemble 125 kilog. Quoique le glouton eût déjà déjeuné, il se mit à table avec un grand empressement, consomma le tout sans bouger de place ; et ne parut nullement incommodé ; son estomac témoignait seulement d'une plénitude plus qu'ordinaire. Le capitaine Cochrane ajoute qu'un bon veau, du poids de 90 kilogr., suffirait à peine, pour un repas de quatre ou cinq Yakuti ; et qu'il avait vu lui-même trois d'entre eux dévorer un renne en une fois. Liebig explique ces faits en disant qu'une nation de chasseurs, surtout lorsqu'ils sont nus et exposés à de grandes pertes de chaleur, doit consommer de grandes quantités d'aliments respiratoires ; s'il arrive alors que ces aliments soient sous leur forme la moins efficace, comme la viande maigre, la quantité dépensée est énorme.

Chez les nations civilisées, et jusqu'à une époque comparativement récente, on ne faisait que deux repas par jour, savoir, le dîner et le souper. C'étaient les repas des Romains ; le *prandium* ou dîner consistait le plus souvent en une légère collation, que l'on prenait debout, vers les neuf heures du matin, et qui se composait généralement de restes froids du souper de la veille. On prenait ordinairement ce repas sans vin, et on y apportait si peu de cérémonie, que Plaute, dans ses comédies, l'a nommé plaisamment *caninum prandium*. Le grand repas du jour était le souper, ou *cœna*, que l'on prenait vers les trois ou quatre heures de l'après-midi, et auquel les amis étaient invités. C'était le repas de cérémonie, pour lequel les riches et puissantes familles de Rome épuisaient les ressources du luxe et de l'art. Il était toujours composé de trois parties ; le *gustus* ou préliminaire, qui était destiné à donner une sorte d'avant-goût, pour aiguiser l'appétit. Ensuite venait la principale partie du festin, composée de plusieurs services, avec un plat principal ou *caput cœnæ;* lorsque dans une famille économe il n'y avait que ce seul plat, et qu'on le faisait circuler autour d'une table frugale, c'était ce qu'on appelait *cœna ambulans*. Le repas se terminait par le second service, ou *mensa secunda*, composé de fruits et de pâtisseries, comme le dessert moderne.

Les sommes dépensées pour ce repas par les riches Romains étaient souvent ruineuses. On rapporte que Vitellius dépensait chaque jour à son souper jusqu'à quatre cent mille sesterces (3,228 livres sterling ou 80,700 francs) ; et le célèbre festin auquel il invita son frère Lucius coûta cinq millions de sesterces (40,350 liv. sterling ou 1 008 750 francs). Il était composé, suivant

Suétone, de 2 000 plats de poissons différents et de 7,000 d'oiseaux, avec d'autres mets également nombreux. La nourriture quotidienne de cet empereur était, disent nos auteurs classiques, de la nature la plus rare et la plus exquise ; les déserts de la Libye, les côtes de l'Espagne, les eaux de la mer Caspienne, même les rivages et les forêts de la Bretagne étaient explorées avec activité pour les délicatesses qui devaient être servies sur sa table ; et s'il avait régné longtemps, dit Josèphe, il aurait épuisé les immenses ressources de l'Empire romain. Elius Verus, autre gourmand fameux, a été presque aussi prodigue et aussi extravagant dans ses soupers ; il est rapporté, en effet, qu'un seul festin auquel il n'avait invité qu'une douzaine d'hôtes, coûta plus de six millions de sesterces (près de 48 500 livres sterling, 1 212 500 francs) : les historiens nous apprennent qu'il passait sa vie à manger et à boire, dans sa voluptueuse retraite de Daphné, ou dans les banquets luxurieux d'Antioche. Les prodigalités de ces temps étaient tellement extravagantes que, pour traiter un empereur dans un festin on s'exposait à une ruine presque certaine. On sait que tel plat de la table d'Héliogabale coûtait jusqu'à 4 000 liv. sterling (100 000 fr.) ; il n'est donc pas étonnant que ces festins impériaux se prolongeassent pendant de longues heures, et que toute espèce d'artifices, souvent révoltants à l'excès, fussent employés pour faire durer le plaisir de manger ; on sait que Philoxène regrettât de ne pas avoir le gosier d'une grue avec un palais délicat sur toute sa longueur.

Nos ancêtres, trop fidèles imitateurs des vices des Romains qui les avaient conquis, ne furent pas beaucoup moins extravagants dans la manière de se livrer aux jouissances de la table. Aucune circonstance, comme l'observe M. Wrigth, n'est plus remarquable dans l'histoire ancienne, que la facilité avec laquelle les peuples qui subissaient la domination et l'influence de Rome, abandonnaient leurs coutumes nationales pour adopter les habitudes de luxe de leurs conquérants. Même à une époque relativement voisine de la nôtre, au temps de Holinshed, le fameux chroniqueur du XIIe siècle, les mœurs des Anglais étaient on ne peut plus répréhensibles. Cet écrivain rapporte que, « pour le nombre des plats et la variété des mets, la noblesse d'Angleterre (dont les cuisiniers étaient, pour la plupart, des maîtres de musique français ou d'autres pays) dépassait toutes les bornes. On voyait tous les jours sur les tables des nobles non-seulement du bœuf, du mouton, du veau, de l'agneau, du chevreau, du porc, du lapin, du chapon, du cochon, et toutes les viandes que la saison pouvait fournir, mais aussi du cerf et du daim, en outre d'une grande variété de poissons, d'oiseaux sauvages, et plusieurs autres choses délicates auxquelles ne manquait pas l'agréable accompagnement des vins de Portugal; de sorte que, pour un homme qui dînait chez l'un d'eux et qui goûtait de chaque mets placé devant lui, il s'agissait plutôt de faire un effort surhumain pour perdre au plus vite sa santé, que de prendre un repas nécessaire pour apaiser la faim et entretenir les forces du corps.

« Les marchands, » ajoute-t-il « vont du même train que les gentilshommes lorsqu'ils font leurs festins ordinaires ou de luxe. » C'est une chose inconcevable que l'énorme provision qu'ils font de toutes sortes de viandes délicates venues de toutes les parties du pays ; en quoi ils imitent la noblesse, ne daignant pas regarder les viandes qu'on trouve habituellement dans les boucheries, et les rejetant comme indignes de figurer sur leur table. Dans ces circonstances aussi, on multipliait les gelées sucrées de toutes couleurs, mélangées avec une prodigieuse variété, pour représenter des fleurs, des plantes, des arbres, des bêtes, des poissons, des oiseaux et des fruits ; et, en outre, des massepains, travaillés d'une façon curieuse, des tartes de diverses couleurs et de plusieurs dénominations ; des conserves de vieux fruits étrangers ou du pays ; des confitures, des marmelades, des dragées, des pains d'épice, des florentines, des oiseaux sauvages, de la venaison de toute espèce, de beaucoup de friandises étrangères, toutes assaisonnées de sucre, et d'une infinité d'inventions, qu'il m'est impossible de rappeler. »

Le savant Caius, dans son « Counseill against the Sweat » (conseils sur la sueur), ouvrage du même siècle (1552), critique en termes sévères la gloutonnerie de son temps, et dit que la raison pour laquelle la maladie attaque les Anglais plus que les autres, c'est qu'ils ont « en dépôt une telle quantité de matière produisant la sueur, de mauvaises humeurs provenant des maladies terribles et pestilentielles, qui ont leur origine dans ce mauvais régime, qui leur fait consommer plus de viandes et de boissons sans ordre, raison ou nécessité, qu'en Écosse ou dans tout autre pays sous le soleil. »

Quand le dîner de plus en plus retardé n'eut plus lieu à midi, il y eut nécessité de faire un léger repas le matin, ou un *déjeuner*, ainsi qu'on l'a appelé. Le dîner encore plus retardé, amena un quatrième repas, le *lunch* ou *luncheon* (goûter), qui signifie littéralement *une tranche de pain*. Avec le temps et par suite de l'introduction du thé et du café en Angleterre, un cinquième repas fut encore ajouté ; mais toujours le dîner a été le grand repas du jour. La règle à suivre en le prenant était exactement, comme le Dr Kitchener le conseillait de son temps, de manger jusqu'au moment où on éprouvait le sentiment de la satiété ; mais le stimulant de chaque nouveau plat étant comme un aiguillon à l'appétit, la satiété devait venir et s'en aller une douzaine de fois. « Elle est produite en nous, » dit Christophe North, « par trois assiettes pleines de hochepot, et aux yeux d'un observateur ordinaire, il semblerait que notre dîner est fini ; mais non, à parler exactement, il ne fait que commencer. Environ une heure auparavant, nous avons vu, du haut du beau pont de Perth, ce même saumon avec son dos qui brillait à la surface de l'eau, s'élançer comme une flèche à travers les flots de la Tay, fier comme un jeune marié, et ne se doutant pas qu'il passerait sa lune de miel sur les lits de gravier de Kinnaird ou de Moulenearn, ou sur les sophas de pierre de Tunuscol, ou sur les couches en marbre vert de Tilt. Qu'est devenu maintenant le sentiment de la satiété ? John, le castor, la moutarde, le vinaigre, le poivre de Cayenne, la sauce cat-sup, les pois et les pommes de terre, avec un peu de beurre, le biscuit appelé « rusk » (biscotin) et le souvenir du hochepot est comme celui de la grande Babylone.» Tout ce qu'il faut pour créer la satiété ! « Nous l'avons vu exister un moment à la disparition du hochepot, mourir à l'apparition du saumon de la Tay, se faire encore sentir lorsque le dernier plat du noble poisson eut été consommé, s'éteindre subitement à l'apparition de la venaison, se faire sentir de nouveau un instant et seulement un instant, à l'apparition d'un couple et demi des plus beaux coqs de bruyère qui aient jamais dilaté leur poitrine voluptueuse, dévorés qu'ils étaient d'un amour affamé. »

Nous rions aux récits qu'on nous fait de la gloutonnerie des naturels des régions arctiques et des sauvages du sud de l'Afrique ; mais nos habitudes dans le boire et dans le manger sont à peine moins absurdes. Considérez un dîner moderne, on commence par la soupe, et peut-être par un verre de punch froid ; vient ensuite un morceau de turbot ou une tranche de saumon avec une sauce au homard ; et en attendant que le *caput carnæ*, la venaison ou le South Down s'apprête, on s'amuse avec un pâté d'huîtres ou un morceau de pain trempé dans du vin de Madère. La venaison ou le mouton ne sont pas plutôt sur la table avec leur indispensable accompagnement de gelées et de végétaux, que l'on met le tout à fermenter avec le champagne, et qu'on l'arrose de vin du Rhin ou de Sauterne. Ces choses sont bientôt suivies d'une aile ou d'une poitrine de perdrix, ou d'un morceau de faisan ou de canard sauvage ; et, lorsque l'estomac est mis tout en feu par les excitants, on le rafraîchit pour un moment avec un morceau de pouding glacé, puis on lui donne immédiatement la fièvre avec de l'alcool, sous la forme de cognac ou d'une autre liqueur forte ; après quoi, vient une cuillerée ou deux de gelée pour servir d'émollient, un morceau de stilton mûr ou de pâté de foie gras que l'on prend comme digestif, une salade piquante pour aiguiser la soif, et un verre de vieux porto pour engager l'estomac au repos, s'il est possible. Tout cela est suivi plus à loisir de la *mensa secunda*, ou dessert, avec ses glaces, ses conserves, ses pâtisseries, ses fruits, ses gelées, sa marmelade de coings, ses confitures, comme Holinshed les aurait appelés, et ses liqueurs fortes ; pour former ensuite un mélange bizarre avec le café, et plus tard avec le thé sur lequel flotte ce qu'il y a de plus riche dans la crème.

Pour vous donner un échantillon modeste de ces excès, et vous indiquer une nouveauté qu'on vous prépare, permettez-moi de vous lire le menu d'un dîner récemment donné à Langham, dans lequel la viande de cheval jouait le principal rôle. Il a été précédé avec beaucoup d'à-propos d'un petit essai de philosophie française : — « *Les préjugés sont des maladies de l'esprit humain.* »

« *Potages.* — Consommé de cheval. Purée de destrier. *Amontillado.*

« *Poissons.* — Saumon à la sauce arabe. Filets de soles à l'huile hippophagique. *Vin du Rhin.*

« *Hors-d'œuvre.* — Terrines de foie maigre chevalines. Saucissons de cheval aux pistaches syriaques. *Xérès.*

« *Relevés.* — Filet de Pégase rôti aux pommes de terre à la crème. Dinde aux châtaignes. Aloyau de cheval farci à la centaure, aux choux de Bruxelles. Calotte de cheval braisée aux chevaux-de-frise. *Champagne sec.*

« *Entrées.* — Petits pâtés à la moelle de Bucéphale. Kromeskys à la Gladiateur. Poulets garnis à l'hippogriffe. Langues de cheval à la Troyenne. *Château-Perayne.*

SECOND SERVICE.

« *Rôts.* — Canards sauvages. Pluviers. *Volney.* Mayonnaises de homard à l'huile de Rossinante. Petits pois à la française. Choux-fleurs au parmesan.

« *Entremets.* — Gelée de pieds de cheval au marasquin. Zéphirs sautés à l'huile chevaleresque. Gâteau vétérinaire à la Decroix. Feuillantines aux pommes des Hespérides. *Saint-Peray.*

« *Glaces.* — Crème aux truffes. Sorbets contre-préjugés. *Liqueurs.*

« *Dessert.* — Vins fins de Bordeaux. Madère. Café.

« *Buffet.* — Collared horse-head. Baron of horse. Boiled withers. »

Tout cela, même exposé en simple anglais, aurait été fort remarquable, et pris, comme on dit qu'on l'a fait, sans réserve ou discussion (?) quoique peut-être avec un peu de répugnance, aurait embarrassé l'estomac, et comme à tous nos dîners modernes, c'eût été pour lui un rude travail de choisir dans cette complication de mets les justes proportions de graisse, de tissu musculaire, et de matière farineuse nécessaires à l'alimentation.

Ne serait-il pas bon de nous contenter, à l'exemple des sauvages, d'un seul repas par jour, comme c'était la coutume du Dr Fordyce, le célèbre professeur de chimie du siècle dernier ? En étudiant les habitudes des animaux carnivores, et en réfléchissant sur les principes de la chimie, il était arrivé à cette conclusion, que l'homme n'avait besoin que d'un seul repas par jour pour toutes ses nécessités physiologiques, et, pendant plus de vingt ans, il disposa comme il suit son dîner de chaque jour : A quatre heures du soir il se présentait régulièrement à « Dolly's chop-house, » et il s'asseyait à la table qui lui était réservée. Aussitôt qu'il était arrivé, le cuisinier mettait sur le gril une livre et demie de cuisse de bœuf, et, pendant qu'elle cuisait, le docteur s'amusait à quelque bagatelle comme un demi-chapon rôti, ou un plat de poisson, avec un verre ou deux d'eau-de-vie ; sa ration ordinaire était un quart de pinte. Ensuite venait la tranche de bœuf avec accompagnement complet de pain et de pommes de terre, et elle était toujours servie avec un quart de grand pot d'ale forte. Elle était suivie d'une bouteille de vieux porto : et lorsque le dîner était fini, ce qui avait toujours lieu au bout d'une heure et demie, il s'en allait tranquillement à sa demeure de Essex-Street dans le Strand, où se réunissaient ses élèves et il leur donnait sa leçon de chimie.

Mais ce ne sont pas là des habitudes à conseiller à la généralité des hommes; quoiqu'on puisse les suivre pendant quelque temps sans inconvénient, elles ne doivent pas servir de modèle dans le choix de ce qui convient le mieux, mais plutôt à donner une idée de la merveilleuse faculté qu'a l'estomac de se plier aux habitudes même les plus désavantageuses ; l'expérience nous apprend , en effet, que trois repas chaque jour, de la nature la plus simple, sont ce qui convient le mieux au tempérament; le déjeuner, pour satisfaire aux besoins causés par un long jeûne et réparer les pertes produites pendant la nuit par les sécrétions; le dîner, dans le milieu du jour, pour soutenir l'organisme pendant la fatigue causée par le travail ; et un léger repas à la nuit, sous forme d'un thé ou d'un souper fort simple, pour restaurer le corps et provoquer les sécrétions pendant la nuit. Suivant le Dr Edward Smith, la répartition quotidienne des aliments, dans la supposition d'un régime où entrent 278,4 grammes de carbone avec 12,96 grammes d'azote, doit être faite à peu près de la manière suivante :

	Carbone. Grammes.	Azote. Grammes.
Pour le déjeuner.........	97,20	4,536
Pour le diner............	116,64	5,832
Pour le souper...........	64,80	2,592
Total dans la journée...	278,64	12,960

De sorte que les proportions des aliments consommés au souper, au déjeuner et au dîner, doivent être entre elles comme les nombres 1, 1 1/2 et 2.

Il est à peine nécessaire de dire que, pour composer un régime, *il faut associer les aliments de telle manière qu'ils ne paralysent pas l'appétit, qu'ils ne surchargent pas les facultés digestives*, et en outre qu'ils soient changés, de temps en temps, non-seulement dans leur nature, mais aussi dans leur manipulation, dans la manière de les préparer et de les assaisonner ; car les aliments même les plus savoureux, si on les mange chaque jour accommodés de la même manière, finiront par causer du dégoût et deviendront inertes. C'est ce qui arrive souvent dans les régimes mal coordonnés des workhouses, et à bord des vaisseaux. Il en était ainsi autrefois dans l'armée anglaise, lorsque les mêmes rations de viande bouillie étaient servies chaque jour avec effronterie à des hommes qu'on avait enrôlés au chant tentateur de « Oh the roast-beef of old England ! » On peut facilement remédier à tout cela, et il y a une véritable économie à le faire, en variant les aliments, ainsi que la manière de les préparer ou de les assaisonner, et en les servant avec différentes espèces de substances végétales. Il faut donc, en composant les régimes, avoir surtout soin de donner les justes proportions des matières carbonées et azotées ; car, lorsque celles-ci né sont pas réglées d'une manière convenable, la santé est compromise et la constitution peut être lentement ruinée. Pour employer le langage de Liebig, « il est une loi de la nature qui règle ces choses, et c'est la mission élevée de la science, de faire pénétrer cette loi dans nos esprits ; c'est son devoir de montrer pourquoi l'homme et les animaux ont besoin de tel mélange dans les principes constituants de leur nourriture, pour entretenir les fonctions vitales, et quelles sont les influences qui déterminent, conformément aux lois de la nature, les changements dans le mélange.

« La connaissance de la loi d'une importante fonction que l'homme possède en commun avec les animaux, l'élève au-dessus de ces êtres privés de raison et lui procure, pour régler ces besoins physiques, essentiels à son existence et à son bien-être, un moyen qui n'est pas nécessaire aux animaux, parce que, chez eux, les exigences de l'instinct ne sont pas contrariées ou contrebalancées par les entraînements des sens, ou par une volonté pervertie et rebelle. »

La proclamation de cette loi et son application au régime d'une société, seraient évidemment d'un grand avantage, non-seulement parce qu'elles tendraient à accroître la santé et la force de la population, mais encore parce qu'elles réaliseraient une grande économie dans l'usage général des aliments. Sans doute on rencontrerait des difficultés dans la manière de faire ces applications; en effet, les tempéraments divers des individus, pour ne rien dire des différences d'occupation, et les qualités toujours variables des aliments eux-mêmes, suffisent pour faire naître le doute sur la possibilité d'une application générale, tant que la science n'aura pas dépassé de bien loin le point où elle se trouve aujourd'hui. Néanmoins, nous avons en notre possession certains faits bien établis qui peuvent nous guider sûrement dans la pratique.

Les maladies qui sont la suite d'un abus de la loi ne peuvent guère être discutées ici ; mais on peut dire, en termes généraux, que, s'il y a dans la nourriture trop ou trop peu de l'un ou l'autre de ses principaux éléments, il en résultera bientôt des dérangements marqués dans le système. Un excès d'aliments respiratoires non-seulement détermine le développement de la graisse, mais encore gêne essentiellement la nutrition du tissu musculaire. Ceux qui mangent beaucoup de riz, de pommes de terre ou d'autres aliments farineux, ou qui boivent de la bière avec excès, ont ordinairement un extérieur bouffi, et sont peu capables d'exercice. Le charretier d'une brasserie, par exemple, serait mal choisi pour infirmier d'hopital ; quoiqu'il paraisse quelquefois fort et musculeux, il a en réalité une faible puissance vitale, ses tissus sont gras plutôt que musculeux. Il en est souvent de même des animaux du jardin zoologique, lorsqu'ils ont mangé trop d'aliments respiratoires, et que leur chair a éprouvé une sorte de dégénérescence graisseuse.

D'un autre côté, lorsque les éléments plastiques de la nourriture sont en excès, l'organisme est surexcité ; il se forme trop de sang, ce qui produit des maladies d'une nature pléthorique. Suivant Liebig et ses partisans, il se développe un excès de force, qui se révèle par un tempérament irritable et des dispositions farouches. Il serait peut-être utile d'examiner jusqu'à quel point ces causes peuvent influer sur la conduite souvent indomptable de nos criminels trop bien nourris. Une nation qui se nourrit de substances animales, dit Liebig, est toujours une nation de chasseurs ; car l'usage d'aliments riches en azote rend nécessaire une grande dépense de forces et beaucoup d'exercice physique, et cela se voit dans la nature turbulente de tous les carnivores de nos ménageries.

Le manque de nourriture, au contraire, est bientôt suivi d'un délabrement général de l'organisme. La peste et la famine sont toujours associées dans l'esprit des peuples, et les annales de tous les pays prouvent combien sont étroits les rapports qui existent entre ces fléaux. L'histoire médicale de l'Irlande est remarquable par les preuves qu'elle fournit des maux nombreux et d'une gravité extrême, que peut occasionner un manque général d'aliments. Qu'il y ait seulement un petit déficit dans les proportions habituelles de la nourriture, et les germes cachés de la maladie se développent avec une effrayante activité ! La famine du siècle présent n'en est qu'une preuve trop terrible, car elle a produit des épidémies que n'a pas vues la génération actuelle, et elle a donné naissance à des scènes de dévastation et de misère qui n'ont pas été surpassées par les désastres de ce genre, même les plus épouvantables, que présente l'histoire du moyen âge. La forme principale du fléau fut une fièvre contagieuse que l'on connaissait comme le produit de la famine, et qui, non-seulement se répandit d'une extrémité à l'autre du pays où elle avait pris naissance, mais encore, franchissant toutes les limites, traversa le vaste océan et se manifesta cruellement dans des localités où elle était auparavant inconnue. Les victimes tombaient par milliers sous la violence de son action ; car, partout où elle se montrait, elle attaquait un septième de la population, et parmi ceux qui étaient atteints, il en mourait un sur neuf. Ceux mêmes qui échappaient à sa fatale influence devenaient de malheureuses victimes du scorbut et d'une fièvre lente. Un autre exemple non moins frappant des terribles conséquences de ce qu'on peut appeler une véritable famine, c'est la condition de nos troupes pendant la première partie de notre séjour en Crimée. Elles n'avaient que tout juste assez de nourriture pour maintenir l'intégrité du système dans un temps de repos et à la température ordinaire ; or, elles étaient obligées de faire de grands exercices musculaires et d'entretenir la chaleur du corps au milieu d'un froid très-rigoureux. Que pouvait-on dès lors attendre, sinon que les fléaux causés par la famine, comme la fièvre, la diarrhée, la dyssenterie et le scorbut, séviraient avec violence et que les soldats succomberaient par milliers ? Sur une force moyenne de 24 000 hommes, les morts de maladie seulement, dans l'espace de sept mois, ont été dans la proportion de trente-neuf pour cent, et, dans quelques cas, la proportion s'est élevée à soixante-treize pour cent. « Jamais auparavant, » dit le colonel Tulloch, on n'avait signalé dans l'armée anglaise des pertes aussi effroyables subies en aussi peu de temps. » Pendant la guerre de la Péninsule, quoique les troupes eussent quelquefois beaucoup souffert de la maladie, les pertes produites par cette cause n'ont pas été en moyenne au-dessus de douze pour cent par an. Même dans la fatale expédition de Walcheren, qui a plongé la nation dans le deuil, le nombre des morts ne s'est élevé qu'à 10 1/3 pour cent pendant la demi-année ; et ici, dans cette grande cité, avec toutes les circonstances aggravantes de besoin, de vices, d'âge tendre, d'âge avancé et de maladies, il n'a pas atteint deux pour cent, pendant que nos hommes les plus forts mouraient par milliers. « Des armées ont péri par le fer et ont été vaincues par les éléments, mais jamais peut-être, » dit le colonel Tulloch, « depuis que la main du Seigneur a frappé l'armée des Assyriens, et qu'ils ont péri dans une nuit, on n'a enregistré une aussi grande perte causée par la maladie, que celle qui a été éprouvée dans cette occasion. » Puisse-t-on profiter à l'avenir de la leçon renfermée dans une si grande calamité !

La connexion du scorbut avec une alimentation peu convenable ou insuffisante est une question d'histoire médicale, et le moyen de le prévenir par l'usage de végétaux frais, surtout de pommes de terre, est si bien connu, qu'il a souvent préoccupé nos législateurs. Se montrant rarement dans la cabine, où le régime est bon, il fait de fréquentes visites au gaillard d'avant ; de sorte que la moitié des hommes de nos vaisseaux qui tiennent la mer, rentrent atteints de cette maladie. Il n'est pas rare qu'elle rende incapables de continuer leur service jusqu'à 70 pour cent des hommes de l'équipage d'un vaisseau ; et l'on ne saurait dire combien de désastres en mer ont eu pour cause le déplorable état de santé qui, pendant un mauvais temps, mettait l'équipage du navire dans l'impossibilité de faire la manœuvre. La ration légale supplémentaire, sur les vaisseaux d'émigrants, de 227 grammes de pommes de terre conservées, de 85 grammes d'autres substances végétales conservées (carottes, navets, oignons, céleri et menthe), outre des fruits ou légumes confits, et 85 grammes de jus de citron par semaine pour chaque homme, cette ration dirons-nous, a été un excellent préservatif contre la maladie ; ce qui démontre que sa seule cause essentielle est évidemment le manque d'aliments végétaux.

Les résultats morbifiques d'un excès ou d'un défaut de matière saline dans la nourriture ne sont pas moins importants. J'ai déjà parlé de l'effet salutaire de certains sels calcaires dans l'eau que nous buvons ; mais, suivant le Dr Grange, la présence des sels de magnésie dans l'eau d'un district pourrait entrer pour quelque chose dans le développement de ces formes remarquables d'infirmités, connues sous le nom de goître et de crétinisme. En France, en Allemagne, en Angleterre, en Sardaigne, parmi toutes les classes du peuple, dans toutes les conditions et sous toutes les variétés de climat, ces maladies sont endémiques partout où le sol est composé de roches magnésiennes, et où les eaux sont chargés de sels magnésiens. Jusqu'où s'étend la connexion ? c'est un problème chimico-physiologique encore à résoudre.

Préparation des aliments. — Dans la *préparation des aliments végétaux* il est important de se rappeler que tous les tissus corticaux et ligneux, comme les peaux des fruits et des tubercules, l'écorce des céréales, etc., ne peuvent en aucune manière être digérés, et que, par suite de leur action irritante, ils entraînent la nourriture dans le canal alimentaire et en font ainsi perdre une partie. Il est donc nécessaire que tous ces tissus soient enlevés aussi complétement que possible.

Lorsqu'on a besoin d'obtenir l'*amidon* ou la *matière farineuse* des *végétaux*, on suit l'un ou l'autre des procédés suivants :

(*a*) On réduit en pulpe ou on écrase la matière, et on la mélange à une quantité considérable d'eau froide. Ensuite on la filtre, et on la laisse reposer jusqu'à ce que la farine ou l'amidon se dépose.

(*b*) Ou bien on la fait passer à un état de décomposition putride, qui fait que la matière albumineuse, comme le gluten, etc., se détruit et laisse l'amidon non altéré.

(*c*) Ou bien on la soumet à l'action d'une solution alcaline faible, généralement de soude caustique, qui dissout le gluten et laisse l'amidon se déposer. On peut retirer le gluten ainsi dissous, en neutralisant la solution avec un acide, et en recueillant le gluten précipité, comme dans le procédé de Durand et autres.

J'ai déjà expliqué que dans le traitement de la farine moulue de blé ou d'autres graines, le son et la partie la plus grossière de la farine sont séparés par des tamis de différents degrés de finesse, et que l'on obtient de cette manière environ huit ou neuf variétés de produits, telles que : *fleur* pour *biscuit*, *première ou fine farine de ménage*, *seconde*, *queue*, *bonne moyenne*, *grosse moyenne*, *fine recoupe*, *seconde recoupe*, et *gros son*. Les proportions de ces différents produits de la farine brute ordinaire varient suivant les circonstances ; mais MM. Mége-Mouriès, d'Arblay et autres ont inventé des procédés qui permettent de retirer du grain 86 ou même 88 pour cent de farine fine, entre lesquels le gluten est régulièrement réparti.

Lorsque la farine est riche en gluten, comme celle des blés durs de la Sicile, de la Russie, de la Sardaigne et de l'Egypte, elle convient bien pour la fabrication de certaines poudres granulaires ou des pâtes sèches, connues sous les noms de *semoule*, *semolina*, *soujee*, *mannacroup*, *macaroni*, *vermicelle* et *pâte d'Italie*. Les trois dernières sont importées généralement de Naples ou de Gênes, où on les fabrique avec de la farine de froment très-riche en gluten, que l'on pétrit en pâte fine et tenace, et que l'on force ensuite de passer à travers des trous ou des fentes pratiquées dans une plaque métallique. On obtient ainsi les différentes variétés de *macaroni* en *tuyaux*, en *céleri*, en *ruban*. Les formes de fantaisie, appelées *pâtes d'Italie*, qui ont la figure d'étoiles, d'anneaux, de croix de Malte, etc., sont produites par des emporte-pièces. Toutes ces pâtes, étant fabriquées crues, on les apprête en les faisant bouillir dans du bouillon ou du lait, ou en les mélangeant avec des œufs, du fromage, etc.

La meilleure variété de farine de froment pour le pain est celle qui contient moins de gluten que la précédente, par exemple, de 8 à 10 pour cent, au lieu de 12 à 14 ou 15. La farine de Dantzig et la farine douce d'Espagne, de même que la farine d'Amérique appelée Genessee, en sont les meilleurs types, et les boulangers en font grand cas, à cause de l'excellente qualité de pain qu'elles donnent ; les variétés plus riches de blé dur glutineux sont employées seulement pour communiquer de la force aux espèces inférieures.

Le *pain*, qui est la plus importante préparation de la farine, doit sa valeur comme aliment à une bonne et égale vésiculation ou aération de la pâte ; cette vésiculation est produite par la diffusion de petites bulles de gaz acide carbonique dans toute sa substance ; comme elle ne peut s'effectuer d'une manière convenable que lorsque le gluten de la farine est en quantité suffisante, et de bonne qualité, elle sert à reconnaître la qualité de la fleur. Les farines qui contiennent trop peu de gluten, ou du gluten qui manque de force, ne peuvent pas produire de pain vésiculé. C'est le cas de presque toutes les espèces de farine, excepté celles de blé et de seigle.

La plus ordinaire et aussi la plus ancienne méthode de produire des vésicules dans le pain est de faire fermenter la pâte (ce procédé n'est pas très-différent de ce qu'il était à des époques très-anciennes, car l'Evangile dit : « Un peu de levain fait fermenter toute la masse ») avec de la levure d'une certaine espèce, comme de la levure de bière; ou de la levure brevetée, préparée avec une infusion de malt et de houblon; ou de la levure allemande, qui est le résidu solide de la levure produite par la fermentation du seigle, servant à faire le gin hollandais; ou de la levure de boulanger, qui est faite avec des pommes de terre et de la farine; ou du levain, qui est de la vieille pâte dans un état de fermentation. Dès que l'un quelconque de ces ferments est mêlé à la farine ou à la pâte, celle-ci commence à fermenter par l'action du champignon de la levure (*mycoderma cervisiæ*) sur le sucre de la farine. Il se produit ainsi de l'acide carbonique qui, en se diffusant dans la substance de la pâte, y forme des bulles et la fait lever ou gonfler. La pratique la plus usuelle chez les boulangers est à peu près celle-ci:

On prépare un ferment spécial avec des pommes de terre farineuses (techniquement appelées *fruit*), en les faisant bouillir dans de l'eau, les écrasant et les laissant refroidir jusqu'à une température d'environ 80° de Fahr. (26° 7 c.). Alors on ajoute la levure, et en même temps un peu de farine pour hâter la fermentation. Après trois ou quatre heures d'une température convenable (de 27° à 31° c.), toute la masse est généralement dans un état de fermentation active, et forme comme une tête de chou-fleur. On la délaye alors dans de l'eau, et on la mêle avec assez de farine pour faire une pâte pas trop épaisse qui, en cinq heures environ, se gonfle et prend la contexture d'une éponge fine. Alors on la délaye de nouveau avec de l'eau contenant du sel, on en fait une pâte molle, en y ajoutant la quantité de farine nécessaire, on la laisse reposer deux ou trois heures, et lorsqu'elle est levée, elle est en état d'être cuite en pains.

On ne peut guère dire que, dans ce cas, les pommes de terre soient une falsification, car il n'y en a jamais plus de 6 livres pour un sac de farine, qui fait environ 380 livres de pain ou 95 pains de 4 livres. On ajoute environ 4 livres de sel ou plus par sac de farine ; les proportions en sont réglées suivant les circonstances, car le sel a pour objet d'améliorer la qualité du pain sous le rapport de la blancheur, de la fermeté et de la saveur.

Il y a, sans doute, une légère perte de matières nutritives produite par ce mode de vésiculation, car une petite partie du sucre de la farine est convertie en alcool et en acide carbonique, mais cette quantité est si faible, qu'on peut bien n'en pas tenir compte, d'autant plus que le procédé a pour avantage d'être une excellente épreuve de la qualité de la farine : une farine faible, qui aurait été altérée par la germination, ou pour avoir été trop longtemps gardée, ne supporterait pas l'action de la levure, mais produirait un pain lourd ou visqueux.

Un autre procédé de vésiculation consiste à produire de l'acide carbonique dans la pâte par l'action d'un acide sur du bicarbonate de soude. Le procédé du docteur Whiting, qui fut breveté en 1836, consistait à mélanger le carbonate de soude avec la farine, et à agir ensuite sur lui avec une proportion convenable d'acide chlorhydrique ajouté à l'eau. Il employait de 350 à 500 grains de carbonate de soude avec 7 livres de farine, et il y ajoutait 2 3/4 pintes d'eau additionnées de 420 à 560 grains d'acide chlorhydrique. Les boulangers qui font du pain non fermenté, emploient d'autres proportions; mais, dans tous les cas, ces proportions doivent être telles qu'elles forment du sel commun (qui est le produit de l'action de l'acide chlorhydrique sur le carbonate de soude), et que l'acide carbonique soit mis en liberté dans la substance de la pâte. Il faut avoir soin que l'acide chlorhydrique soit pur ; celui qu'on trouve dans le commerce est généralement très-chargé d'arsenic.

En 1845, on a pris un brevet pour la substitution de l'acide tartrique à l'acide chlorhydrique ; et les différentes préparations appelées *baking-powder* (poudre de boulangers), *custard-powder* (poudre à la crème), *egg-powder* (poudre à l'œuf), etc., ne sont que des mélanges d'acide tartrique et de carbonate de soude, avec un peu de matière farineuse, dans les proportions de 1 partie d'acide tartrique, 2 de carbonate de soude, et 4 de fécule de pommes de terre ou d'une autre fécule sèche, avec un peu de poudre de *curcuma*, pour lui donner une belle teinte jaune. Lorsqu'on mêle ces préparations à la farine mouillée, elles font effervescence, comme ferait de la poudre de Sedlitz, et distribuent ainsi l'acide carbonique dans la pâte.

Tout récemment, M. Mac Dougall a proposé l'emploi de l'acide phosphorique, comme élément plus naturel de la nourriture, et cet acide, avec un carbonate alcalin, forme la préparation connue sous le nom de *levure phosphatique.*

Un troisième procédé, maintenant très-employé pour opérer la vésiculation du pain, est celui du docteur Dauglish, par lequel on obtient le pain nommé pain *aéré.* Il consiste à ajouter à la farine de l'acide carbonique dissous dans de l'eau au moyen de la pression. Le mélange se fait dans un vase clos et bien étanche, au sein duquel la pâte est bien pétrie par une machine ; on ouvre ensuite brusquement le vase ; la pression étant ainsi supprimée, le gaz s'échappe de l'eau, comme dans le cas d'une bouteille d'eau gazeuse que l'on débouche ; il se répartit en petites bulles dans la substance de la pâte ; et, par son expansion, il force la pâte à sortir du vase où s'est fait le mélange et à s'élever en masse spongieuse.

Mais, dans tous les cas où l'acide carbonique est produit dans la pâte par un autre procédé que celui de la fermentation, la pâte doit être mise au four immédiatement, sinon elle s'affaisserait et le pain serait lourd. On a proposé différents appareils pour faciliter l'opération du pétrissage, qui est laborieuse, et trop souvent, manque de propreté. Le pétrin à main de M. Steven paraît faire très-bien ce travail. Il est employée à Holborn-Union, où chaque semaine un homme et deux garçons font environ 5,635 livres de pain ; ils parviennent même à faire 96 pains de 4 livres par sac de farine (380 livres). Les matières employées, en moyenne dans une année, sont les suivantes :

Farine.........	4,139 livres	Qui produisent 5,633 livres de pain, ou 1,408 pains de 4 livres.
Pâte fermentée..	140 »	
Pommes de terre.	168 »	
Sel............	68 »	
Malt	16 »	
Houblon........	1 ½ »	

Les pommes de terre, le malt et le houblon sont destinés à faire de la levure ou du ferment pour le pain.

Mais quel que soit le procédé qu'on emploie pour faire le pain, il est nécessaire d'observer certaines précautions pour obtenir un bon résultat.

1° La farine doit être faite avec du grain sain et suffisamment riche en bon gluten ;

2° La levure doit être douce et donner vivement à la pâte la contexture spongieuse;

3° La pâte doit être bien pétrie, pour assurer la diffusion parfaite du gaz et donner de la viscosité au gluten;

4° Le sel doit être employé dans une proportion convenable pour régulariser la fermentation, et donner de la fermeté au gluten, de la blancheur et un bon goût au pain ;

5° La cuisson doit être ménagée de façon à ce que le pain tout entier soit chauffé à la température d'au moins 100° c., afin que l'amidon insoluble puisse être changé par la chaleur en dextrine soluble; la croûte doit être légèrement colorée et mince. Cela se fait mieux lorsque les pains sont cuits séparément, comme sur le continent, et non en fournées ne formant qu'un bloc, comme chez nous; car, dans ce dernier cas, la croûte de dessus et celle de dessous sont épaisses et dures, et souvent brûlées, tandis que l'intérieur est pâteux et à demi cuit.

Le pain pour les pauvres, préparé suivant la formule du conseil d'agriculture de 1795, est composé d'une partie de riz et de quatre parties de seigle moulues ensemble et tamisées à la manière ordinaire. La farine est alors mise en pâte avec de la levure; et lorsqu'elle a fermenté, on la fait cuire sous forme de petits pains longs. Ce pain est très-brun, comme tout pain de seigle, et il a une texture serrée; mais il est agréable au goût et très-nourrissant. Ce qui le recommande beaucoup, c'est qu'il n'est pas cher, car on peut le faire à moins d'un penny (9 centimes) la livre ; c'est par conséquent un pain qui convient très-bien pour le pauvre.

La meilleure manière d'accommoder les farines qui ne contiennent pas assez de gluten, mais qui ont les qualités convenables pour la fermentation et la vésiculation, comme la farine d'orge, d'avoine, de maïs, et celle de pois et de lentilles, c'est de les faire cuire sous la forme de galettes ou de biscuits. Cette pratique est très-ancienne et remonte au temps des patriarches ; en effet, pendant la pâque des Hébreux, il était ordonné de manger du pain sans levain. La principale nourriture du peuple dans l'ancienne Rome était une espèce de pain sans levain, fort lourd et ressemblant à la *polenta* moderne des Italiens, qui est faite de farine de maïs et de fromage. Comme dans les premiers temps, les biscuits et les gâteaux non fermentés sont faits avec de la farine ou de la fleur mêlée avec de l'eau et cuite au four; mais la texture de la substance est serrée et elle n'est pas d'une digestion facile, à moins qu'elle ne soit parfaitement désagrégée. Lorsque les biscuits sont rendus légers par l'addition d'œufs et de sucre, avec un peu de beurre, ils sont bien plus faciles à digérer; ils le sont encore davantage lorsqu'on les a rendus spongieux par l'addition d'une petite quantité de carbonate d'ammoniaque, comme cela a lieu pour les *craquelins* et les *biscuits Victoria*.

Les préparations appelées *aliments farineux* pour le enfants ne sont que de la farine cuite, et quelquefois sucrée. La farine doit être cuite jusqu'à ce qu'elle prenne une couleur légèrement brune, la température étant de 400° ou 450° de Fahrenheit (204° à 232° c.). Les granules d'amidon sont alors désagrégés et convertis en une substance soluble, nommée *dextrine*, qui, par une ébullition prolongée, comme quand on fait de la bouillie, forme une excellente nourriture pour les enfants, lorsqu'elle est convenablement accommodée. Le *dessus* et le *fond* doivent leur qualité à la même circonstance, savoir, que la matière farineuse, qui est si indigeste pour les enfants, est réduite par la cuisson en dextrine soluble.

On apprête facilement toutes les variétés de farine et de fécules en les agitant dans de l'eau bouillante, ou du lait bouillant, jusqu'à ce qu'elles aient la consistance de bouillie de gruau ou de pouding bouilli, ce qui se fait en quelques minutes. S'il s'agit de farine de maïs, de riz, de poids moulus, de lentilles, de haricots, l'ébullition doit être continuée pendant un temps considérable, et tous ces grains doivent avoir préalablement trempé dans l'eau pendant plusieurs heures ; car l'amidon et la cellulose de ces végétaux ne sont digestibles, qu'autant qu'ils ont été désagrégés par la cuisson. On peut dire que tous les végétaux à tissu serré ont besoin de bouillir longtemps pour cuire ; car la cellulose n'est pas capable d'être digérée par l'homme, à moins qu'elle ne soit transformée par l'action de la chaleur ; il est même probable que l'amidon traverse le canal alimentaire sans éprouver de changement, s'il n'est rendu soluble par la fermentation ou par la cuisson. C'est une question importante que celle qui a pour objet de rechercher si, dans l'emploi de ces aliments amylacés, il ne serait pas avantageux de faciliter leur transformation en laissant germer le grain jusqu'à un certain degré, comme dans la préparation du malt, où l'amidon est changé en sucre. M. Lawes a étudié cette question, et il a conclu, d'après ses expériences sur les bestiaux, que, dans le cas des porcs et des veaux, l'effet engraissant du grain n'était pas augmenté ; mais il peut en être autrement pour l'estomac de l'homme, dont le pouvoir de transformation n'est pas à beaucoup près aussi actif que chez les animaux. En voici en effet un exemple : La nourriture que Liebig recommande pour les enfants est une préparation de malt avec de la fleur de froment et du lait, auquel on a ajouté un peu de bicarbonate de potasse ; la réputation de cette préparation, comme aliment pour les enfants, est considérable en Allemagne. On la fait en mêlant 28 grammes de fleur de froment avec 280 grammes de lait, que l'on fait bouillir pendant trois ou quatre minutes ; alors on la retire du feu, et on la laisse refroidir jusqu'à 90 degrés Fah. (32° c.). On y ajoute, en remuant, 28 gram. de poudre de malt, préalablement mélangée avec 97 centigr. de bicarbonate de potasse et 57 gram. d'eau ; puis, le vase étant couvert, on la laisse reposer pendant une heure et demie à une température de 100 à 150° Fahrenheit (38 à 65° c.). Alors on la remet sur le feu, et on la fait bouillir doucement pendant quelques minutes. Enfin on filtre avec soin, pour enlever toutes les particules de son, et la préparation est prête pour le repas de l'enfant. La composition de cet aliment, suivant le Dr Liebig est la suivante :

SUBSTANCES EMPLOYÉES.	Matière plastique. Grammes	Matière carbonée. Grammes
280 grammes de lait..........	13.6	28.3
28 gram. de fleur de froment..	4.0	20.9
28 gram. de fleur de malt....	2.0	16.4
	19.6	65.6

Le rapport de la matière plastique à la matière carbonée est de 1 à 3, 8, ce qui est la juste proportion pour la nourriture des enfants.

L'effet de la fleur de malt est de transformer l'amidon en glucose ; le mélange devient ainsi moins épais et plus doux en se reposant ; le bicarbonate de potasse est ajouté pour faciliter la transformation, et pour neutraliser les éléments acides de la fleur et de malt.

L'extrait de malt de Liebig est une autre préparation de cette nature pour déterminer une assimilation rapide des matières amylacées.

On fait quelquefois fermenter des substances végétales, pour augmenter la quantité relative de matière glutineuse, ou pour la rendre acide. Les pommes de terre, par exemple, de même que l'orge, le blé et le seigle, laissent, après la fermentation, un résidu qui contient plus de gluten que la substance primitive, par suite de la transformation du sucre et de l'amidon en alcool ; quoique ce résidu soit grossier, et qu'il convienne peu à la consommation de l'homme, c'est néanmoins une excellente nourriture pour le bétail ; dans le fait, il est souvent mangé par les pauvres en Allemagne.

Lorsqu'on laisse continuer la fermentation encore plus longtemps, et que la masse acquiert une propriété acide, en conséquence de la formation des acides acétique, butirique et lactique, on obtient différentes préparations aigres, qui sont sans doute utiles pour faciliter la digestion d'autres aliments. Les anciens Romains avaient plusieurs substances fermentées de cette nature, très-analogues à la *choucroute* (*Sauer-Kraut*) des Allemands. Celle-ci est faite, comme on le sait, avec des feuilles de choux, cueillies généralement en automne, et dont on a enlevé le tronc et la côte du milieu. On les coupe en tranches minces, et on les met dans une cuve, alternativement avec des couches de sel, jusqu'à ce que le vase soit plein. On les soumet alors à la pression, et on les laisse reposer pendant cinq ou six semaines (suivant la température) ; la fermentation lactique se développe, et la masse devient aigre. On apprête la choucroute en la faisant cuire à l'étuvée dans son propre jus, avec du lard fumé, du porc ou une autre viande grasse ; et pour lui donner un meilleur goût, on ajoute certains condiments, comme de l'anet ou du carvi. En Prusse et dans plusieurs parties de l'Allemagne, il est une préparation semblable de fèves fermentées ; dans la Hollande et le sud de l'Europe on fait fermenter des concombres. Nous avons aussi nos végétaux confits, dans lesquels l'acide acétique tient la place de l'acide lactique. Toutes ces préparations aident sans doute à la digestion, surtout lorsque la fibre de la viande est dure, et contient des tendons, ou du tissu cellulaire durci. C'est ce qui a lieu spécialement dans la viande salée, et par conséquent un peu de légumes confits est un assaisonnement bon et agréable pour le bœuf froid bouilli.

Les substances végétales, comme le *thé*, le *café*, le *maté*, le *cacao*, etc., avec lesquelles on fait des breuvages, sont préparées pour le commerce à peu près de la même manière. Lorsqu'on les a cueillis sur l'arbre, et tandis qu'elles sont fraîches, on les soumet à une sorte de fermentation modérée, puis on les fait sécher et torréfier. Pour le thé, la torréfaction s'opère, au moment d'enrouler les feuilles en les chauffant sur des tamis que l'on tient sur un feu de charbon ; mais le cacao et le café sont torréfiés dans des cylindres métalliques, que l'on fait tourner sur un feu clair ; on fait griller le café jusqu'à ce qu'il soit partiellement carbonisé, et qu'il ait perdu de 14 à 20 pour cent de son poids. Par ce moyen l'arome, ou huile volatile, se produit dans les deux cas ; il y a aussi une modification empyreumatique dans les acides astringents, le sucre, la gomme et l'amidon, qui forment des matières extractives, variant dans leur quantité et leur qualité, suivant le degré de la chaleur. Schrader a étudié la question relativement au café, et il s'est assuré que les différents éléments du café cru et du café torréfié existaient dans les proportions suivantes :

	Café cru.	Café torréfié.
Principe particulier du café....	17.58	12.50
Gomme et mucilage..........	3.64	10.42
Matière grasse et résine.......	0.83	2.08
Matière extractive............	0.62	4.80
Tissu ligneux et cellulose......	66.66	68.75
Mélange, etc................	10.57	1.45
	100.00	100.00

On fait des infusions de thé et de café avec de l'eau bouillante ; mais on ne doit jamais les faire bouillir, car le principe aromatique est très-volatil et il s'évaporerait ; en outre une décoction de thé ou de café a une amertume désagréable, parce qu'elle tient en dissolution les parties grossières de la matière extractive. De l'eau douce extrait aussi ces matières et semble donner à cause de cela une infusion plus forte que de l'eau un peu dure, mais c'est toujours aux dépens d'un parfum délicat. On fait à Londres d'excellent thé avec de l'eau ayant 14 ou 15 degrés de dureté dans son état naturel, et environ 5 degrés quand elle a bouilli. Ceci a été l'objet de recherches faites par la commission chimique du gouvernement (les professeurs Graham, Miller et Hofmann), qui fut chargée en 1851 d'étudier les qualités chimiques de l'eau qui alimente la ville de Londres. Les membres de la Commission ont déclaré dans leur rapport que, d'après leurs expériences, le thé fait avec l'eau bouillie de Londres ayant 5 degrés de dureté ne pouvait pas en général être distingué du thé fait avec de l'eau de 2 1/2 degrés seulement, quoiqu'un palais délicat pût reconnaître dans ce dernier une légère augmentation d'amertume sans aucune amélioration dans le parfum. Il semblerait, en réalité, que l'eau un peu dure fait le thé plus parfumé, pourvu qu'on laisse reposer le thé assez de temps. Pour les pensionnaires de Greenwich, le thé est fait avec de l'eau ayant 24 degrés de dureté avant l'ébullition, et 18.6 degrés après ; mais l'infusion est maintenue pendant une demi-heure, avec le vase qui la contient, dans une caisse à vapeur, et on obtient ainsi un thé éminemment parfumé. Les mêmes commissaires ont fait cette remarque, « que lorsqu'une infusion de thé a perdu beaucoup de sa force, on peut l'attribuer probablement à la circonstance que la manière de préparer l'infusion n'a pas été adaptée convenablement au degré de dureté de l'eau, et qu'alors il y a sans doute quelque perte de thé. » On a beaucoup vanté les eaux des lacs pour leur douceur et comme convenant très-bien pour faire le thé, par cette seule raison qu'elles produisent une solution fortement colorée, ce qui semble un indice de force plus grande ; mais en réalité le parfum est toujours sacrifié à l'apparence, et il n'y a pas d'augmentation dans les propriétés physiologiques ou diététiques de l'infusion. Les Chinois, qui sont de bons juges en cette matière, ne se servent jamais d'eau très-douce ni très-dure ; ils ont pour règle de prendre l'eau courante ; la meilleure est celle des torrents qui descendent des montagnes; vient ensuite celle de rivière. Nous pouvons donc conclure que l'eau qui a de quatre à sept degrés de dureté après avoir bouilli, est la plus convenable pour des infusions de thé et de café; en effet, une pareille eau dissout les éléments aromatiques et physiologiques, sans extraire les principes amers désagréables. Dans le cas du café aussi, un peu d'acide, comme une partie du jus d'un citron, améliore le parfum, quoiqu'il ajoute à la dureté de l'infusion. On a trouvé par l'expérience que les infusions de thé et de café sont assez fortes lorque les premières contiennent 0,6 pour cent de matière extractive, et les secondes 3 pour cent; de sorte qu'une tasse de dimensions ordinaires (113 gr.) doit contenir environ 84 centig. d'extrait de thé, ou 428 centigr. d'extrait de café. On obtiendra ces proportions en faisant infuser dans un litre d'eau bouillante 30 grammes de thé (environ 4 cuillerées à thé), ou 57 grammes de café récemment torréfié ; les quantités des différents principes constituants, dissous, seront à peu près les suivantes :

PRINCIPES CONSTITUANTS.	THÉ. Centigr.	CAFÉ. Centigr.
Matières azotées....................	111	266
Matière grasse....................	...	19
Gomme, sucre et matière extractive...	201	668
Matières minérales................	59	148
Extrait total................	371	1101

De sorte que le thé cède à une pinte d'eau environ 22 pour cent de son poids, et le café environ 20 pour cent. Lehmann a trouvé que l'eau dissolvait seulement 15 1/2 pour cent du poids du thé; tandis que sir Humphry Davy a estimé cette quantité à 33 1/2 pour cent. Sans doute la qualité de l'eau aussi bien que celle du thé influe sur les résultats ; en effet, l'eau distillée extrait de 40 à 44 pour cent du thé noir, et près de 50 pour cent du thé vert ; mais, pour tous lescas, une bonne moyenne est environ 22 pour cent.

On mesure généralement le thé en le prenant dans un pot à thé par cuillerée; M. le Dr Edward Smith a fait des recherches curieuses sur les poids moyens d'une cuillerée de différentes espèces de thé. En voici les résultats :

POIDS D'UNE CUILLERÉE DE THÉ.

THÉ NOIR.	Grammes.	THÉ VERT.	Grammes.
Oolong..........	2.5	Hyson...........	3.6
Congon (inférieur).	3.4	Twankay.........	4.5
Pekoe fleuri......	4.0	Impérial fin.......	5.8
Souchong........	4.5	Câpre parfumé....	6.7
Congou (fin)......	6.6	Poudre à canon fin.	8.0

Il semble d'après cela qu'il faut de trois à sept cuillerées à thé de thé noir, ou de deux à quatre de thé vert pour un demi-litre d'infusion de la force indiquée plus haut.

La meilleure manière de préparer le chocolat est de faire bouillir le mélange un peu de temps, car il contient presque toujours une grande porportion de matière amylacée qui a été ajoutée pour diluer la graisse abondante du cacao. En effet, le cacao contient tant de beurre ou graisse solide (de 48 à 50 pour cent), qu'il est nécessaire de la tempérer avec une substance facile à digérer, comme de l'amidon, de la farine de lentilles, de la mousse *carageen*, de la mousse d'Islande ou lichen, du sucre, etc.; de là les différentes préparations de cacao appelées *cacao granulé*, cacao soluble, chocolat, etc., dont je décrirai brièvement les procédés de fabrication. Lorsque le grain est torréfié et froid, on le fait passer par une machine appelée

« *kibbling-mill,* » qui le dépouille de ses cosses et de la peau mince qui enveloppe l'amande. Si les amandes ainsi nettoyées sont moulues dans un moulin spécial, elles forment la variété de cacao appelée cacao *floconneux;* mais, s'il s'agit d'autres préparations, les amandes grillées sont moulues entre des rouleaux chauffés, ou d'un autre manière, jusqu'à ce qu'elles forment une pâte douce, avec les substances qu'on y a mêlées pour en opérer la dilution. S'il s'agit de faire du *cacao soluble*, la matière ajoutée est du sucre avec une certain espèce d'arrowroot, telle que *tous-les-mois*, *maranta*, *curcuma*, etc. Si l'on veut du *chocolat*, la matière additionnelle est du sucre seulement, avec quelque agent aromatique, comme de la vanille ; enfin si l'on veut des préparations de fantaisie, comme du *cacao à la mousse carageen*, *du cacao à la mousse d'Islande*, *du cacao aux lentilles*, etc. ; on mêle au cacao ces différentes substances. Le *cacao granulé* est une préparation de cacao avec du sucre et de l'amidon, moulu de manière à former une poudre grossière, dans laquelle les particules de cacao broyé sont recouvertes d'une couche de sucre et d'amidon. Il est admis que, toutes les fois que le mélange est composé d'amidon ou d'une autre substance farineuse, on doit faire bouillir la solution ; mais lorsqu'on a employé le sucre, comme dans le chocolat, qui est la plus ancienne préparation de cacao, la combinaison n'a pas besoin de traitement culinaire ; elle demande tout au plus l'action de l'eau bouillante ou du lait bouillant.

Chose remarquable, quoique le cacao soit bien moins employé que le thé ou le café, cependant il a été connu en Europe un siècle avant eux. En effet, dès l'année 1520, il fut apporté du Mexique par Colomb, qui observa que c'était le breuvage ordinaire du peuple; et, lorsque Cortès fut reçu à la cour de l'empereur aztèque, Montézuma, on lui servit une préparation douce de cacao, appelée chocolat, parfumée avec de la vanille et d'autres épices aromatiques, dans un vase d'or. Les Espagnols acquirent ainsi la connaissance de la fève et de sa principale préparation ; ils la tinrent secrète pendant plusieurs années, et réalisèrent de grands bénéfices en vendant du chocolat aux classes riches et luxueuses de l'Europe. Mais c'était une préparation dispendieuse, et elle n'est devenue d'un usage général que longtemps après que des cafés publics eussent été établis à Londres. La première mention qui en est faite, suivant Hewitt, est dans le *Mercurius politicus* de Meedham, de juin 1659, où il est dit que « le chocolat, une excellente boisson des Indes occidentales, est vendu à Queen's Head-alley, dans Bishopsgate street, par un Français qui en a d'abord vendu dans Gracechurch-street, Clement's-Churchyard,et qui est le premier qui en ait vendu en Angleterre. » Suivent de grands éloges des vertus de cette préparation. Cette annonce fut faite cinq ans après l'établissement des cafés de Londres; car le premier café fut, dit-on, ouvert en 1650, par un Levantin nommé Pascal Rossee,dans St-Michael's-alley Cornhill ; et, un an après, il s'en ouvrit à Paris et en Hollande. En 1660, ils étaient tellement fréquentés, et l'on buvait de si grandes quantités de café, qu'on en fit une source de revenus publics, et qu'une taxe de 4 shellings par gallon fut levée sur tout le café qui se buvait dans ces établissements; trois ans après, une patente leur fut régulièrement imposée dans Quarter Sessions, comme aux tavernes ordinaires. En 1668, le célèbre naturaliste Ray, dans son « Histoire des Plantes, » nous apprend que les cafés étaient aussi nombreux à Londres qu'au Caire; et, à la fin, ils firent tant de mal, à cause des réunions politiques qui s'y tenaient, que Charles II, en 1675, s'efforça de les supprimer par une proclamation, les appelant des pépinières de sédition; mais ceux qui les tenaient furent assez puissants pour obtenir qu'il révoquât cette prohibition. L'histoire de ces maisons formerait un chapitre curieux au point de vue de la politique et de la littérature, car elle se trouve liée à celle des premiers développements de la discussion politique libre, et les plus grands noms de la littérature anglaise. Parmi les plus anciennes d'entre elles était le « Grecian, » où Shakespeare et Rare Ben faisaient de fréquentes visites; « Wills, » presque aussi ancienne, où Dryden déclamait avec une vanité pédantesque, et où prit naissance cet esprit de fine critique qui devint un des traits distinctifs de la littérature anglaise. Dans la cité, il y avait « Garraway's » où le thé se vendit pour la première fois et où se rendaient pour le prendre, au temps de Defoe, les « banquiers étrangers » et même les ministres. « Robins, Jonathans. » Le « Cocoa-Nut Tree, » dans St-James street, était également fameux et avait une clientèle non moins distinguée.

Dans le traitement des aliments des animaux, il est plusieurs points à considérer. En premier lieu il vaut toujours mieux préparer l'animal pour la boucherie en le laissant jeûner pendant quelques heures avant de le tuer, parce que la nourriture partiellement digérée, et les aliments absorbés depuis peu dans l'organisme, passent rapidement à un état de décomposition putride, et colorent toute la masse de l'animal. En outre, un jour de repos est souvent nécessaire pour calmer l'excitation produite par le voyage et la marche que l'animal a pu faire pour venir à l'abattoir. En second lieu, il est bon de retirer de son corps autant de sang qu'il est possible, au moment où il est abattu, parce que ce sang est également sujet à entrer en décomposition. Les règlements des Juifs sur ce point sont très-efficaces et dérivent des prescriptions très-anciennes du Lévitique, qui défendent qu'aucune espèce de sang, soit d'oiseau, soit de quadrupède, soit consommée par l'homme. Pour que le sang puisse s'écouler en aussi grande quantité que possible, la pratique est de tuer chaque animal en lui coupant la gorge avec un tranchant effilé. Dans quelques pays, au contraire, le sang est regardé comme une partie très-nourrissante de l'animal, et l'on prend de grandes précautions pour l'empêcher de s'échapper. Le Dr Livingstone dit que plusieurs tribus du sud de l'Afrique tuent les bêtes en leur enfonçant une javeline dans le cœur, pour empêcher la perte du sang. Mais, dans ce cas la viande ne peut pas être conservée, et on la mange aussitôt que l'animal a été abattu On a aussi proposé chez nous de tuer les animaux en faisant entrer de l'air dans les cavités de la plèvre, ce qui ferait affaisser les poumons, et causerait une mort presque instantanée par asphyxie, sans perte de sang; mais cette pratique donne lieu à des objections; une pareille viande ne serait pas seulement sujette à une putréfaction rapide; il serait difficile de reconnaître qu'elle n'est pas saine.

En troisième lieu, il est convenable de laisser le corps de l'animal se refroidir dans un état d'immobilité avant de l'envoyer au marché. Si l'on ne prend pas cette précaution, il ne tarde pas à se décomposer. Il faut aussi qu'il soit exposé librement à l'air, parce que la matière colorante du sang et des muscles continue d'absorber de l'oxygène, et de respirer, pour ainsi dire, pendant quelque temps après la mort : tant que cela se produit, la décomposition n'a pas lieu.

Enfin toute viande doit être conservée crue jusqu'au moment où elle va se décomposer, et même jusqu'à ce que la décomposition soit un peu commencée, parce que les tissus étant alors relâchés et tendres, sont faciles à digérer.

Dans le traitement culinaire des aliments animaux, on a quatre objets en vue :

1° Coaguler l'albumine et le sang des tissus, de manière à rendre la viande agréable à la vue ;

2° Développer un bon goût et rendre les tissus divisibles et tendres ; par conséquent plus faciles à la mastication et à la digestion ;

3° En outre, une certaine température qui soit un moyen de communiquer de la chaleur au système ;

4° Tuer les parasites dans les tissus de la viande.

Cela posé, comme les recherches du Dr Beaumont et autres ont démontré que la viande est toujours rendue de plus en plus difficile à digérer, à mesure que l'on prolonge l'action de la chaleur, il est très-nécessaire que la température ne soit pas maintenue au delà du degré exigé pour la réalisation des qualités que nous venons d'indiquer. Liebig dit qu'une température de 133° Fahr. (56° c.) coagule l'albumine, et que les matières colorantes rouges du sang sont coagulées et détruites de 158° à 165° Fahr. (de 70 à 74° c.). Il conseille donc de limiter à 170 Fahr. (77° c.) toutes les opérations culinaires relatives à la viande. Voici ses instructions : Pour faire le *bouilli*, il faut mettre la viande dans l'eau lorsque celle-ci bout vivement, et l'ébullition doit être maintenue pendant quelques minutes. Ensuite on place la marmite dans un endroit chaud, de manière que l'eau soit maintenue à la température de 158° à 165° Fahr. (70° à 74° c.). Il en résulte que l'eau bouillante coagule l'albumine et le tissu à la surface de la viande à une certaine profondeur à l'intérieur, et forme ainsi une croûte qui ne permet ni au jus de sortir de la viande, ni à l'eau d'y pénétrer. La viande conserve par conséquent ses éléments savoureux et n'est pas trop bouillie; mais si, d'un autre côté, la viande est mise sur le feu avec de l'eau froide, et qu'on la chauffe ensuite lentement jusqu'à l'ébullition, elle éprouve une perte de matières solubles et sapides, tandis que le bouillon est plus chargé de ces matières. En effet, l'albumine se dissout graduellement de la surface au centre; la fibre perd plus ou moins de sa propriété d'être divisible et tendre, elle devient dure et coriace. Plus le morceau de viande est mince, plus il perd de ses éléments savoureux.

Ceci explique l'observation bien connue, que le mode de cuisson du bouilli qui fait le meilleur bouillon donne la viande la plus sèche, la plus coriace et la plus insipide; que, pour obtenir une viande ayant un bon goût, et agréable à manger, il faut renoncer à l'idée d'en faire un bon bouillon.

Si on fait chauffer lentement jusqu'à l'ébullition de la viande hachée finement avec un poids égal d'eau, qu'on maintienne l'ébullition pendant quelques minutes, qu'on la filtre ensuite et qu'on la presse, on obtient le bouillon le plus riche et le plus savoureux qu'on puisse retirer de la viande. Si l'ébullition est continuée plus longtemps, il se dissout un peu plus de matière organique, mais la saveur et les autres propriétés du bouillon n'en sont nullement augmentées ou améliorées. L'action de la chaleur sur les fibres de la viande en fait toujours sortir une certaine quantité d'eau et de jus ; d'où il suit que la viande perd de son poids par l'ébullition, même lorsqu'elle est plongée dans l'eau (quelquefois jusqu'à 24 pour cent de la viande crue). Cette perte est moindre sur les grandes masses.

Lorsqu'on fait *rôtir* la viande, la chaleur doit être aussi très-forte au commencement, et ensuite on doit la diminuer. Le jus qui en sort, comme dans l'ébullition, s'évapore à la surface de la viande, quand on la fait rôtir avec précaution, et lui donne la couleur brun foncé, le lustre et la forte odeur aromatique qu'on recherche dans le rôti. Mais il est douteux que la chaleur de 170° Fahr. (77° c.) soit assez forte pour détruire les parasites de la viande, et par conséquent je conseillerais d'élever la température aussi près que possible de celle de l'eau bouillante (100° c.).

Des quatre manières de préparer la viande qui sont communément pratiquées dans ce pays, et qui consiste à la faire *bouillir*, *cuire au four*, *rôtir* et *frire*, la première est sans contredit la plus économique et produit l'aliment le plus facile à digérer ; mais le fumet ou arôme de la viande n'est pas bien développé, et elle ne convient pas à beaucoup de sortes de viandes : celle de jeunes animaux, par exemple, qui ne contenant qu'une proportion insuffisante d'albumine et de gélatine dans ses tissus, se réduirait beaucoup par l'ébullition, et perdrait une grande partie de ses principes gras, comme le lard salé d'Amérique. En effet, à moins que l'opération ne soit bien conduite, il y aura toujours, comme je viens de le dire, une perte considérable d'albumine, de matière saline et de matières alcaloïdes ; elles sortiront de la viande pour se dissoudre dans l'eau, et leur quantité s'élèvera quelquefois de 16 à 24 pour cent du poids total ; or il a été prouvé par les académiciens français, que ce sont les éléments les plus utiles de la viande. Ils ont constaté que lorsqu'un chien était nourri avec une demi-livre par jour de viande bouillie, préalablement trempée dans l'eau et pressée, il perdait rapidement de son poids, en sorte qu'après 43 jours il se trouvait en avoir perdu un quart ; et qu'au bout de 55 jours sa maigreur était extrême. Ces observations ne s'appliquent pas naturellement au cas où le liquide au sein duquel la viande a bouilli est consommé avec celle-ci, comme cela a lieu pour les hachis, les viandes cuites à l'étuvée, etc.

Le Dr Pereira dit qu'au workhouse de Wapping, où l'on fait bouillir du mouton (principalement le quartier de devant), du bœuf (le brechet et les flancs), et des morceaux de mouton, le tout sans os, la perte moyenne en poids est seulement de 17 1/2 environ pour cent ; mais ces chiffres sont inférieurs à la proportion ordinaire, parce que les viandes en question proviennent d'animaux vieux et maigres. Habituellement la perte de poids dans la cuisson est à peu près comme il suit, sur 100 parties :

	Bouilli.	Cuit au four.	Rôti.
Bœuf en général...........	20	31	31
Mouton en général.........	20	35	35
Gigots de mouton..........	20	33	33
Épaules de mouton.........	24	32	34
Aloyaux de mouton.........	30	33	36
Collet de mouton..........	25	32	34
Moyenne générale........	23	31	34

La perte de poids est plus grande dans la viande cuite au four et rôtie que dans la viande bouillie ; mais cette perte est produite principalement par l'évaporation et par la fusion de la graisse. Il se développe aussi, dans ces deux modes de cuisson, un arôme qui donne une saveur agréable à la viande ; mais ils présentent cet inconvénient que la surface du morceau est souvent trop cuite, tandis que l'intérieur est presque cru ; et que l'action de la chaleur sur la graisse superficielle produit fréquemment des composés acres (*acroléine* et *acides gras*) qui sont très-nuisibles à un estomac délicat. C'est ce qui a toujours lieu lorsqu'on fait frire ou griller la viande, et qu'on la soumet ainsi à une température de 600° Fahr. (316 c.) au plus ; il résulte de là que tous les aliments gras sont le plus souvent peu convenables pour les estomacs délicats ; et l'on a souvent remarqué que telle personne qui peut manger sans inconvénient beaucoup de pain avec du beurre, de pouding bouilli, de poisson bouilli ou de volaille bouillie, ne peut pas supporter du pain beurré et grillé, ni du pâté de viande, ni de la pâtisserie, ni du poisson frit, ni de la volaille rôtie. La pratique de faire rôtir la volaille et le gibier recouverts de lard ou de papier huilé, ou d'une couche mince de pâte, voire même d'argile, pour enlever les plumes (comme c'est la coutume chez les Indiens) est sans aucun doute avantageuse, parce qu'elle modère la température et empêche la formation de composés âcres. C'est par quelque artifice semblable qu'Aristoxène put servir un porc qui paraissait bouilli d'un côté et rôti de l'autre ; la partie croquante et savoureuse convenait à des estomacs plus forts, tandis que le côté le plus délicat était mieux en rapport avec les facultés digestives des estomacs faibles.

Mais, pour juger de la manière la plus convenable d'apprêter un quartier d'animal, on doit toujours avoir égard à la nature du fumet ou du goût que la cuisson lui fait prendre. On fait rarement bouillir des épaules de mouton et de veau, à cause de leur insipidité. Il en est de même du gibier et de la volaille ; en effet, les poules Barndoor et les dindons sont à peu près les seules espèces de volaille que l'on puisse faire bouillir ; quant au gibier, il n'y en a pas qu'on puisse préparer ainsi. Que penserions-nous d'un faisan bouilli ? Un écrivain raconte, dans le *Journal de la Société des Arts*, l'histoire d'un braconnier qui voulait séduire un braconnier novice par l'appât d'un excellent gibier. L'ayant appelé dans sa cabane, il lui laissa un lièvre apporté tout chaud de la chasse, lui disant de le faire cuire, et d'essayer s'il n'y avait pas là de quoi faire un excellent dîner pour rien. Une semaine après il l'appela de nouveau, et lui demanda s'il n'avait pas trouvé son dîner bon. « Je ne l'ai pas aimé du tout, » s'écria l'autre. « Mais, » dit le braconnier, « comment avez-vous fait cuire le gibier ? » « Eh ! je l'ai fait bouillir dans une marmite ! » Je n'essayerai pas de dépeindre le dégoût du braconnier. Il en serait de même de la venaison, quoiqu'on puisse la faire bouillir, surtout lorsqu'elle est un peu avancée, pendant la moitié à peu près du temps nécessaire pour la faire cuire ; mais il faut ensuite la faire rôtir, pour développer son fumet. Les chasseurs, dans les prairies de l'Amérique, ont coutume de rendre tendre la viande de cerf en employant le procédé suivant : Ils enlèvent, tout le long de l'épine dorsale, les deux filets, et ils les lient en un rouleau après les avoir bien enduits de graisse ou d'huile. Ils les font ensuite rôtir en les arrosant constamment d'huile. Quand ils le peuvent, ils les arrosent avec du jus de citron avant de les avoir enduits de matières grasses et mis en rouleau. Le fumet de la viande rôtie, et son effet agréable sur le sens de l'odorat, ont dû être reconnus dès la plus haute antiquité, car Moïse parle souvent des sacrifices comme étant « d'une suave odeur devant le Seigneur, » et il décrit particulièrement la manière dont ces sacrifices d'agneau, de chevreau, etc., doivent être faits pour être acceptables non-seulement au Seigneur, mais aussi à Aaron et à ses fils, qui devaient en manger. Je ne sais pas depuis quelle époque on a remarqué l'excellente odeur du rôti de porc, mais elle a été immortalisée dans l'*Essai*, de Charles Lamb. Quant à la manière d'apprêter la viande *à l'étuvée*, elle est loin d'être aussi raffinée que la cuisson à *la rôtissoire*, quoiqu'elle ait un avantage, celui que la température peut en être réglée plus facilement.

Dans la préparation du bouillon, on se propose d'extraire, aussi complètement que possible, les éléments solubles de la viande ou des os. Lorsqu'on emploie ceux-ci, on doit les couper ou les briser en petits morceaux, et les faire bouillir très-longtemps, pendant au moins neuf ou dix heures. Les os des jambes fournissent alors 17 pour cent de leur poids de graisse et de gélatine, et le bouillon qu'on obtient ainsi est, suivant le Dr E. Smith, extrêmement nourrissant; de telle sorte que 3 kilogr. d'os produisent un bouillon qui contient en carbone la valeur nutritive d'un kilogr. de viande, et en azote celle d'un 1/2 kil.. Mais quoi qu'on puisse dire des quantités. de matières carbonées ou azotées que ce bouillon contient, il est très-douteux qu'il soit aussi nourrissant que celui de viande. En effet, dans les célèbres expériences de la commission française sur la gélatine, on a trouvé que le bouillon et la gelée provenant des os ne pouvaient pas soutenir longtemps la vie des chiens, tandis que des os crus en quantités égales à celles employées dans les expériences étaient suffisants pour nourrir ces animaux.

Le bouillon fait avec la queue de bœuf est bien plus riche que celui des os seuls, car il contient les matières salines et les autres éléments de la viande. C'est maintenant un bouillon recherché et d'un prix un peu élevé, quoique autrefois ce fût l'humble régal et presque la seule nourriture azotée des pauvres protestants français réfugiés à Clerkenwel. Avant l'année 1689, et même après cette date, les bouchers de Londres laissaient les queues attachées aux peaux envoyées aux tanneries de Bermondsey ; mais les pauvres réfugiés français, dans leur extrême besoin, achetaient ces queues pour une pure bagatelle, et ils en faisaient une soupe que l'on trouva bientôt d'excellente qualité.

Le *bouillon de viande* doit être fait de la manière déjà décrite, c'est-à-dire qu'il faut faire macérer un poids donné de viande hachée finement, dans un poids égal d'eau froide, puis la chauffer graduellement jusqu'au point d'ébullition; après quoi on la passe et on la presse. De cette manière, environ trois parties sur cent des matières nutritives de la viande sont dissoutes, en outre des matières salines. Si on fait bouillir doucement le bouillon avec la viande pendant quelques heures, il se dissoudra une proportion plus grande de matière organique, surtout de gélatine; un bon bouillon fait ainsi avec le filet de bœuf contiendra environ 90 grammes de matière solide par litre, dont 6 grammes de matière saline.

Le maigre de la viande contient environ 25 pour cent de

matière solide, le reste est de l'eau. De 7 à 10 parties de cette matière sont solubles dans l'eau froide; un peu plus de la moitié est de l'albumine et de la matière colorante (miochrome), qui est coagulée par la chaleur; de sorte que si l'on fait bouillir la solution de viande froide, elle contiendra seulement de 3 à 4 pour cent de la substance de la viande : évaporée jusqu'à siccité, elle constituera l'*extractum carnis*, l'extrait de viande de Liebig. Ses principes constituants sont l'*acide lactique*, l'*acide inosique*, l'*énosite*, la *créatine*, la *créatinine*, et une substance organique colloïdale non définie, d'une couleur brune et d'une consistance visqueuse. L'extrait de viande contient, en outre, les matières salines solubles de la viande, comme le phosphate et le chlorure de potassium, avec un peu de chlorure de sodium.

Des analyses de cet extrait, tel qu'on le trouve dans le commerce, ont fourni de 40 à 60 pour cent d'eau, de 22 à 41 pour cent de matière organique, et de 8 à 16 pour cent de matière saline. L'extrait est toujours acide; sa couleur doit être d'un brun-jaune pâle, avec une odeur et un goût agréables de viande. Il doit aussi être parfaitement soluble dans l'eau froide, et ne pas contenir d'albumine, de graisse, ni de gélatine.

On s'est fait des idées fausses de la valeur nutritive de cet extrait; en effet, comme une livre d'extrait représente les éléments solubles de 30 à 34 livres de viande maigre, ou de 45 à 48 livres de viande ordinaire de boucherie, on a supposé que sa valeur nutritive était dans la même proportion. Liebig a pris soin de corriger cette erreur, en faisant remarquer que l'extrait, lorsqu'il est convenablement préparé, représente simplement le bouillon de bœuf que l'on peut obtenir de cette quantité de viande; et, comme il ne contient pas d'albumine, il doit être associé à des substances qui en contiennent, telle que les fèves et les pois. Nul doute que l'action physiologique de l'extrait ne soit due aux alcaloïdes qu'il contient; et parce que le premier d'entre eux dans ses effets sur le corps est celui du thé ou du café (théine ou caféine), on doit en conclure que l'extrait de viande a un pouvoir réparateur des forces vitales plus grand qu'un aliment très-nourrissant. C'est à ce point de vue que Parmentier, Proust et Liebig lui-même sont disposés à considérer les effets des préparations. « Dans les approvisionnements d'un corps de troupes, » dit Parmentier, « l'extrait de viande offrirait au soldat grièvement blessé un moyen de reprendre de la vigueur; ce bouillon, avec un peu de vin, lui rendrait immédiatement ses forces, épuisées par une grande perte de sang, et le mettrait en état de pouvoir être transporté à l'ambulance la plus rapprochée. Proust remarque, presque dans les mêmes termes, que « nous ne pouvons imaginer une préparation plus heureuse dans ces circonstances, car quel remède plus fortifiant, quelle panacée agissant avec plus de puissance qu'une portion d'extrait naturel de viande dissous dans un verre de vin généreux ? »

Comme pour la soupe et le bouillon de bœuf, son pouvoir nutritif doit être aidé par des végétaux et d'autres substances riches en matières azotées. Par conséquent, en l'associant à de la farine de froment, à des pois ou des lentilles, ou même au gluten résidu de la fabrication de l'amidon par le procédé Durand, on peut lui communiquer la valeur nutritive de la viande. Déjà MM. Peek, Frean et Cie ont fait une préparation dans laquelle l'extrait est mélangé à de la farine cuite au four et comprimée de manière à former de petits biscuits ; et, dès l'année 1851, M. Borde jeune avait pris un brevet pour combiner l'extrait de viande avec de la farine et le faire cuire sous forme de biscuits. De cette manière, en employant l'extrait de 5 kilos de viande avec 1 kilog. de farine, il a obtenu des biscuits qui contenaient 32 pour cent de matière azotée : 28 gram. de ce biscuit râpé dans une pinte d'eau, que l'on fait bouillir ensuite et que l'on assaisonne, font une bonne soupe. Avec l'extrait de viande de Liebig, il suffit d'un kilogr. de la préparation, joint aux rations convenables de pommes de terre et d'autres végétaux, pour faire la soupe de 260 hommes ; on fait un bouillon bien nourri, en faisant dissoudre une cuillerée à thé de l'extrait (environ 10 grammes) dans un litre d'eau bouillante, et en l'assaisonnant de sel et et de poivre.

On obtient encore un bouillon plus nourrissant, contenant de l'albumine de la viande, en faisant infuser 150 grammes de viande, hachée menu, dans 40 gram. d'eau douce froide, à laquelle on a ajouté quelques gouttes (4 ou 5) d'acide muriatique et un peu de sel (de 65 à 117 centigr.). Après qu'on a laissé digérer une heure environ, on passe au tamis, on lave le résidu avec 140 grammes d'eau et on presse.

Le mélange liquide obtenu de cette manière fournira une pinte environ d'*extrait froid de viande* (albumine, créatine, créatinine, etc.) ; on peut le boire froid, ou légèrement chauffé, de manière que la température ne soit pas élevée au-dessus de 100° Fahr. (38° c.) pour ne pas coaguler l'albumine.

Il est plusieurs questions se rattachant à l'économie culinaire que je n'ai pas le temps de discuter ; mais je puis dire que la société des Arts a rendu de grands services au public en publiant des renseignements précieux relativement aux appareils culinaires les plus simples et les plus économiques. Le premier de ces appareils est la marmite du capitaine Warren. C'est une sorte de casserole double, que l'on construit facilement en disposant une petite casserole couverte dans une plus grande. Le vase intérieur contient la pièce de viande ou toute autre chose que l'on veut faire cuire ; le vase extérieur contient un peu d'eau, de sorte que la température ne peut jamais dépasser 212° Fahr. (100° c.) Par ce moyen, le morceau de viande est cuit dans sa propre vapeur, sans être mise en contact avec l'eau ou la vapeur d'eau ; elle ne peut donc rien perdre de ses éléments solubles ; et, si l'on veut améliorer le fumet de la viande lorsqu'elle est cuite, on peut ensuite la faire rôtir un instant. La perte de poids dans ces circonstances est loin d'être aussi grande que dans la manière ordinaire de faire cuire la viande ; celle-ci d'ailleurs, a un bien meilleur goût, elle est beaucoup plus tendre ; en outre, on a la certitude qu'elle est également cuite dans toutes ses parties, sans avoir été forcée. Enfin, en adaptant un récipient à vapeur au vase extérieur, on peut en même temps faire cuire des légumes. Lorsqu'on fait bouillir la viande par ce procédé, il n'y a pas, ou il n'y a que très-peu de perte de poids, et même lorsqu'on la fait ensuite rôtir, la perte est loin d'être aussi grande que lorsqu'on fait rôtir une pièce de viande à la manière ordinaire. L'expérience a montré que 7 kilogr. de viande rôtie à la manière ordinaire, dans la cuisine des Cambridge Barracks (casernes de Cambridge) avaient perdu 2 kilogr. de leur poids, tandis que la viande cuite dans la marmite du capitaine

Warren, et rôtie ensuite, avait perdu seulement 1,6 kilogrammes, de sorte qu'il y a profit net de 600 grammes.

Un autre appareil très-ingénieux est la marmite Suisse. Le vase qui contient la viande et un peu d'eau est placé, après qu'on l'a fait bouillir très-peu de temps, dans une boîte revêtue de feutre, et on l'y laisse cuire pendant une heure ou deux : le feutre est un si mauvais conducteur qu'il conserve la chaleur de la manière la plus parfaite. L'appareil n'est pas seulement économique ; il convient admirablement pour des parties de pique-nique, ou pour des soldats en marche, qui peuvent ainsi se procurer un dîner chaud, cuit pendant le voyage.

Les appareils culinaires des pauvres sont très-imparfaits ; voilà pourquoi ils ont tant recours aux cuisines de leur voisinage ; mais même alors leurs mets sont très-chétifs et très-mal préparés. Dans les districts pauvres de Londres, le dîner d'un enfant coûte ordinairement trois demi-pences (trois sous), un penny (deux sous) de pouding et un demi-penny (un sou) de pommes de terre. S'ils payent deux pences (quatre sous), ils ont la permission de s'asseoir, et on leur donne un peu de jus. Chacun a entendu dire comment les pauvres de Paris dînent *à la seringue* dans les maisons où les assiettes d'étain sont clouées à la table, et où les servantes tirent d'un chaudron caché avec une énorme seringue la soupe bouillante qu'elles font couler ensuite dans l'assiette du chaland. Le prix du repas (4 sous) doit être payé comptant, sinon, la servante intraitable fait rentrer la soupe dans la seringue monstre. Des scènes comme celles-là, ou même les scènes pires des ménages malheureux ont engagé des philantrophes à chercher un meilleur moyen de pourvoir aux besoins des pauvres, sans recourir au moyen dangereux de l'aumône. A Paris une veuve entreprenante (Madame Robert) conçut l'idée de donner un bon dîner à un pauvre pour deux pences (quatre sous). Son régime comprenait : une soupe aux choux, une tranche de bouilli, un morceau de pain et un verre de vin ; elle avait ainsi, dans le voisinage du marché des Innocents, des provisions pour environ six mille ouvriers qui prenaient leur repas en plein air, mais à l'abri du mauvais temps ; et elle gagnait un centime par chaque convive. Chez nous une société de bienfaisance semblable a établi dans différents endroits, avec plus ou moins de succès, des restaurants pour les pauvres. A Glasgow, par exemple, les restaurants des classes ouvrières, qui sont bien mieux disposés que la grossière installation de madame Robert, sont à même de fournir un dîner substantiel pour 4 ou 5 d. (8 à 10 sous). Il y a longtemps, le correspondant spécial du *Daily Telegraphe*, dans une lettre sur ces établissements, disait qu'il avait eu pour 5 1/2 d. (11 sous) un dîner excellent, comprenant : une bonne soupe aux pois, du bœuf bouilli, 280 grammes de pommes de terre et du pouding, plus qu'il n'en pouvait manger. Un écrivain du *Times* dit aussi que pour 4 1/2 d. (9 sous) il a eu une grande assiettée de soupe aux pois, un plat de tranches minces de bœuf chaudes, un plat de pommes de terre, et 8 onces de pain ; tandis que son compagnon mangeait, pour la même somme, une grande assiettée de bouillon, un plat de bœuf froid, un plat de pommes de terre, et une tranche de plum-pouding ; le tout d'excellente qualité et bien cuit. On a coutume dans ces maisons, de fournir chaque jour une variété d'aliments chauds, tels que de la soupe, du bouillon, des pommes de terre, du riz, des choux, du pouding, du thé et du café, outre du pain et du beurre, du bœuf froid pressé et du jambon. Chaque ration, excepté celle de viande, est divisée de manière à être vendue au prix uniforme d'un penny (deux sous); la viande coûte trois demi-pences (trois sous) ; et pour se débarrasser du reste de la soupe après l'heure ordinaire du dîner, afin de pouvoir en faire chaque jour une provision nouvelle, on vend la soupe et le bouillon à moitié prix, de six heures à huit heures du soir ; on jette ensuite le reste. Tous les articles sont de la meilleure qualité, et bien accommodés. On les achète en gros par marché à l'avance ; et quoiqu'on les revende à très-bon marché, ils procurent encore un petit profit, ce qui donne à ces organisations la stabilité d'une entreprise commerciale.

Tout récemment, M. Riddle a proposé, dans un mémoire qui a été lu devant la Société des Arts, un projet d'après lequel on pourrait préparer des aliments sur une grande échelle et les envoyer dans les maisons des pauvres. Il propose de confectionner chaque jour de bonnes rations de viande rôtie, cuite au four ou bouillie, avec des légumes, et de les envoyer dans des boîtes d'étain de 1 kilog., 2 kilog. ou 3 kilog., toutes prêtes à être mangées, et tenues chaudes dans les petits compartiments d'une voiture convenablement construite. Il n'y aurait aucune difficulté à cela ; la viande serait ainsi distribuée dans d'excellentes conditions, et avec une grande ponctualité. Ceux-là seulement qui savent combien les pauvres sont dépourvus des moyens de préparer leurs aliments, ou qui connaissent les difficultés qu'éprouvent sur ce point les classes même plus aisées, peuvent comprendre la portée d'un semblable projet, que je serais très-heureux de voir réalisé.

QUATRIÈME CONFÉRENCE.

Conservation des aliments. — Aliments malsains ou falsifiés.

Il n'est pas nécessaire de prouver que la conservation des aliments est une question d'une grande importance pour la société ; car, non-seulement cette conservation nous met en état de pourvoir à nos besoins dans les temps de disette extraordinaire, mais encore elle nous fournit le moyen de régulariser la répartition des aliments; de sorte que ce qui est en excès dans un pays ou à une époque donnée, puisse suppléer à ce qui manquera dans une autre. Dans les contrées pastorales, par exemple, dans certaines parties du Canada, de l'Australie, de la Tasmanie, de la région du cap de Bonne-Espérance, du Mexique, de la République argentine, et du Brésil, il y a toujours des milliers de tonnes de viande qui ne peuvent entrer dans l'alimentation ; et toute cette viande est perdue à cause des difficultés qu'on éprouve à la conserver. Dans l'Amérique méridionale, on tue chaque année au moins deux millions de bêtes pour la graisse seulement, les peaux et les os ; or leur viande pourrait être vendue ici à moins de 5 d. (50 c.) le kilogr. Il en est de même en Australie ; la quantité de viande qui pourrait servir de nourriture y est réellement inépuisable. L'année dernière, M. Philpott affirmait à la commission d'alimentation de la Société des arts que, pendant quatre mois de l'année, il fait fondre chaque jour la graisse de 1000 à 1500 moutons ; et que dans les vastes districts de pâturages qui s'étendent de Victoria à Brisham, il est une mine inépu sable de viande de la meilleure qualité, et que, maint nant, toute cette viande est perdue, à cause de la difficul de l'utiliser; en sorte qu'on se borne à retirer la grais du corps des animaux. En Australie, dit-il, un jeu bœuf ne coûte que de 3 à 4 livres (75 à 100 fr.); et l gigots de mouton de la meilleure qualité, lorsqu'ils so salés, se vendent trois shillings (3 fr. 75 c.) la douzain Si l'on parvenait à trouver un moyen simple et facile conserver cette viande, on pourrait la vendre sur n marchés à moins de 5 d. (6 sous) la livre.

Jusqu'à présent le seul moyen employé pour cela éta le procédé grossier qui consiste à saler la viande, mais so altération en était si évidente, et le dégoût qu'elle insp rait si général, qu'on n'en faisait que peu d'usage, et seu lement dans les cas où l'on ne pouvait obtenir de l viande fraîche. Comme exemple de viande malsaine indigeste, on peut citer la viande salée, telle qu'o l'avait précédemment dans la marine; on peut à pein dire que ce procédé fût réellement un mode de conser vation. Aussi, reconnaissant la nécessité d'un meilleu moyen de conserver les aliments, les autorités de l marine ont fait appel à la science et donné de grand encouragements aux inventeurs. Un autre stimulant pou ceux-ci a été créé par la nécessité de fournir à nos explo rateurs des mers arctiques des aliments sains et de bonn qualité, pour leur long séjour d'hiver dans les mer glacées du Nord. Comme leur expédition est entrepris non-seulement dans le dessein de découvrir un passag par le nord-ouest pour nos possessions d'Amérique, mais aussi en vue de poursuivre des recherches scientifiques dans des régions presque inaccessibles, on avait des motifs exceptionnels pour leur fournir de bonnes conserves d'aliments. La science n'a pas tardé à s'en occuper, et elle a été secondée par l'habileté et l'esprit pratique des fabricants ; de sorte que le voyageur qui va dans les régions arctiques se met en mer avec confiance, sachant qu'il a une toute autre nourriture que la salaison malsaine des marins. Les premières préparations faites pour la marine étaient des mélanges de viande sèche avec du sucre et des épices (*pemmican*) ; mais, après un certain temps, on lui offrit de la viande fraîche, conservée dans des caisses bien étanches. Au commencement les provisions ainsi conservées étaient destinées principalement aux personnes voyageant dans les régions froides ; mais lorsque la valeur de ce procédé de conservation fut connu, les Européens résidant dans les climats chauds, notamment dans l'Inde, voulurent se procurer les aliments frais dont ils étaient accoutumés à user dans leur pays ; et une activité nouvelle fut ainsi donnée à ce mode de fabrication. Aujourd'hui il a pris des proportions gigantesques.

J'ai devant moi une liste des brevets obtenus pour la conservation des aliments, depuis l'année 1691 jusqu'à la fin de 1855, et je trouve qu'il n'y en a eu qu'un seul qui soit du XVIIe siècle, et trois du XVIIIe, tandis qu'il y en a eu jusqu'à 117 dans les 55 premières années de notre siècle. Mais l'esprit d'invention n'a pas été fécond en procédés nouveaux ; car il s'est borné à l'application d'un ou deux principes élémentaires bien simples. En effet, 26 de ces brevets ont pour objet de conserver les aliments par la dessiccation ; 31, par l'exclusion de l'air atmosphérique ; 8 en recouvrant l'aliment d'une substance imperméable, telle que de la graisse, de l'extrait de viande, de la gélatine, du collodion, etc.; et en injectant la viande avec différents sels.

Mais, avant de procéder à l'examen de ces méthodes, il sera bon de faire quelques recherches sur les circonstances qui favorisent la décomposition organique. Or, il semble, d'après l'expérience et l'observation, qu'une putréfaction active est toujours produite par le concours de trois circonstances, savoir : la présence de beaucoup d'humidité, l'accès de l'air atmosphérique, et une certaine température, comme de 40° à 200° Fahr. (5° à 93° C.); l'une de ces conditions manquant, la substance organique résiste à la décomposition. Tous les procédés de conservation doivent donc avoir en vue l'une où l'autre de ces conditions essentielles; peut-être pourrions-nous en ajouter une quatrième, l'action d'agents chimiques. Passons-les en revue avec quelques détails.

1° *La Conservation des substances par la dessiccation* est d'une date très-ancienne. Nous avons appris depuis longtemps dans nos musées d'anatomie qu'on peut conserver indéfiniment des corps d'animaux en les desséchant, et en les recouvrant ensuite d'un vernis pour les préserver de l'humidité. Des dissections ainsi préparées et qui ont servi dans des cours, pendant plus d'un demi-siècle sont aujourd'hui dans le même état que le premier jour. Dans les climats chauds on a pratiqué pendant des siècles la conservation du poisson, et même de la viande, en les desséchant ; pour cela, on les découpait en bandes ou en tranches, et on les exposait à l'action de l'air chaud et sec. Dans l'Amérique méridionale, on dessèche surtout la viande du charqui ou bœuf du pays que l'on a engraissé; on le tue, en l'assommant, et puis on le saigne. Aussitôt après, on l'écorche, on sépare la chair des os et on la laisse refroidir. On place alors la viande sur une table ; on la découpe en tranches minces, et on l'empile avec des couches alternatives de sel. Après l'avoir laissée reposer pendant douze heures, on retourne la viande et l'on ajoute du sel dans les endroits où il est nécessaire. Le lendemain on place les tranches salées sur des claies, et on les expose au soleil pour les faire sécher, opération qui se fait d'une manière complète en deux ou trois jours : mais de peur de l'humidité on la rentre toujours pendant la nuit. Pour faire usage de cette viande, il faut la bien tremper dans l'eau froide, puis la couper en petits morceaux, et enfin la faire cuire au moyen d'une ébullition prolongée. Mais cette manière de conserver les substances animales est très-imparfaite ; elles perdent de leur goût ; elles deviennent dures et difficiles à digérer ; de plus la graisse devient rance ; par les temps brumeux, la viande absorbe de l'humidité, se moisit et devient aigre, etc. Il est pourtant probable que les parties maigres de la viande, comme le cœur, la langue et les filets, pourraient être conservées avantageusement par ce procédé, surtout dans les climats chauds et secs. La commission des aliments de la Société des Arts a fait, sur un spécimen de bœuf sec pulvérisé de Queenstown, un rapport favorable ; elle affirme que cet aliment est dans d'excellentes conditions, et qu'il contient quatre fois autant de matière nutritive que de la viande ordinaire. Mais généralement la graisse est très-rance, même lorsqu'on a pris beaucoup de précautions pour la préserver. Les causes qui altèrent ainsi la graisse font qu'aucun des essais tentés pour conserver le lait et les jaunes d'œufs, par la dessiccation, n'a réussi ; quoique le blanc d'œuf sec se conserve bien, par exemple, dans le procédé de M. Charles Lamont, où l'albumine est desséchée en écailles minces; quarante-quatre œufs fournissent, par ce procédé, une livre de la préparation. Des substances absorbantes pourraient, jusqu'à un certain point, lever la difficulté, comme dans la préparation du *pemmican*, où le sucre et les épices sont ajoutés à la viande; comme aussi dans plusieurs procédés de conservation du lait, en le faisant évaporer et le mélangeant avec du sucre, etc.; ainsi qu'on le pratique dans les brevets de Newton (1835), de Grunwade (1847 et 1855), de Louis (1847); enfin dans le procédé de Davison et Symington (1847) pour conserver les œufs en mélangeant les jaunes et les blancs avec de la farine, du riz, ou quelque autre substance farineuse, et faisant sécher le mélange. L'extrait de viande peut aussi être conservé de la même manière, comme dans les brevets de Donaldson (1793), de Robertson (1851) et de Borden (1851), où l'extrait, après la séparation de la graisse, est mélangé avec des matières farineuses; dans ce dernier cas, on le fait aussi cuire au four sous forme de biscuits. Dans l'année 1854, MM. Blumenal et Chollet ont pris leur brevet pour la conservation de la viande et des végétaux sous forme de tablettes, en faisant sécher la viande et les végétaux, les pressant, les soumettant à des immersions successives au sein d'un bouillon riche, et les faisant sécher dans un courant d'air chaud après chaque immersion. Lorsque l'extrait de viande est fait sans graisse ni gélatine, comme cela a lieu pour l'extrait de Liebig, on peut le garder longtemps à l'état de pâte, sans le mélanger à des matières farineuses, quoique sa préparation avec de la farine cuite au four, comme il a déjà été dit, soit un grand perfectionnement.

Du reste, le procédé par dessiccation convient mieux

pour conserver des substances végétales, et il a été employé depuis un temps immémorial, pour la conservation des herbes potagères, des feuilles de thé, du fourrage, etc. Chez nous, le premier brevet dont il soit fait mention pour conserver les végétaux en les faisant sécher, fut accordé en 1780, à John Graefer, qui avait cherché à conserver aux végétaux leur saveur, en les plongeant d'abord dans de l'eau salée bouillante, puis les faisant sécher. Quarante ans après (1820) John Vallace a obtenu un brevet pour conserver le houblon en le faisant sécher, puis en le comprimant. Vinrent ensuite les patentes d'Edwards (août 1860), pour faire bouillir, granuler et sécher les pommes de terre; et de Grillett (novembre 1840), pour conserver par la dessiccation les pommes de terre cuites ou non. Dix ans après (en novembre 1850), Masson a obtenu un brevet pour conserver les légumes en les faisant sécher et les comprimant fortement, de manière à les réduire au septième de leur volume naturel. Le procédé a très-bien réussi, et il est encore pratiqué par Devaux, Chollet et autres; il sert chaque jour à la conservation de toutes sortes de légumes, pommes de terre, choux, carottes, choux-fleurs, fèves, etc.; et lorsqu'on les met à tremper dans l'eau, ils reprennent leur proportion naturelle d'humidité, se gonflent et reviennent à leur volume primitif. Mais ils manquent un peu de saveur, et pour les faire cuire il faut les faire bouillir assez longtemps.

En employant un procédé plus soigneux de dessiccation, M. Makepiece est parvenu à conserver à la fois la couleur et le goût des légumes, spécialement des herbes potagères.

En somme, il y a eu en tout, dans les États Britanniques, environ trente brevets pour la conservation des différentes sortes d'aliments par la dessiccation.

2° *La conservation des matières organiques par l'exclusion de l'air atmosphérique* est, comme la précédente, un procédé très-ancien. La vieille pratique d'inhumer les morts dans des cercueils de plomb, et la coutume encore plus ancienne de les emmailloter dans des bandages résineux ou des étoffes cirées (ce qu'on appelle embaumement), doivent leurs propriétés préservatrices à l'exclusion de l'air atmosphérique; il est même remarquable, vu l'efficacité du procédé, que le principe scientifique n'en ait pas été reconnu depuis longtemps, et qu'on ne l'ait pas appliqué à la conservation des aliments. Le premier brevet de ce genre que je connaisse dans notre pays, a été accordé à Francis Plowden, en juin 1807; il l'a décrit comme un procédé pour « la conservation de la viande de boucherie, des substances animales et autres comestibles, en les recouvrant d'une substance qui doit, non-seulement résister aux effets de l'air atmosphérique, mais ne communiquer aucune propriété nuisible à l'aliment. » Dans ce dessein, il employait l'essence ou extrait de viande : la substance étant préparée, on la mettait bien essuyée, dans un vase en bois, et l'on versait par-dessus de l'extrait chaud à l'état de fusion, afin qu'il pût remplir tous les vides. Trois ans après (en février 1810), Augustus de Heine prit le premier brevet pour conserver la viande en extrayant l'air du vase qui la contient; il inventa une machine dans ce but, parce que l'emploi de la machine pneumatique ordinaire était trop fatigant. Trente-six ans plus tard (1846), M. Warington, de Apothecaries'Hall, obtint son brevet pour la conservation des substances animales, en les recouvrant de glu commune, de gélatine, ou de jus concentré de viande; ou bien, en les plongeant dans des solutions chaudes de ces substances; ou, enfin, en les enveloppant dans une étoffe imperméable, en les recouvrant de caoutchouc, de gutta-percha ou de vernis. Ces brevets sont les points de départ des différents procédés actuellement en usage; par exemple :

(*a*) De ceux qui doivent leur efficacité à l'exclusion de l'air, *en remplissant le vase avec quelque chose de chaud;* ce sont les brevets de Plowden (1807), qui employait un jus riche ou de l'extrait de viande; de Grandholm (1817), qui employait de la graisse chaude ou de la gelée chaude; et de Wathly (1855), qui employait de l'huile, comme dans la conservation des anchois. Je suis un peu surpris, en considérant combien il est aisé d'exclure l'air en mettant la substance dans de la graisse chaude, que cette manière de conserver la viande n'ait pas été adoptée en Australie et dans l'Amérique méridionale. En effet, comme la graisse qu'on y prépare, en la tirant des troupeaux sauvages, est envoyée chez nous dans des barils, il ne serait pas difficile d'envoyer avec elle les plus belles sortes de morceaux de viande, comme des gigots de mouton et de bonnes pièces de bœuf. Le procédé doit être pratiqué de la manière suivante : lorsque la graisse est fondue, et qu'elle est à une température de 240° à 250° Fahr. (116° à 121° c.), on y plonge les pièces de viande fraîche, et on les y tient pendant quelques minutes, de sorte que l'humidité superficielle soit complètement évaporée. On les renferme aussitôt dans des barils bien sains et secs, remplis de graisse, à la température de 212 Fahr. (100° c.) ou à peu près. De cette manière, la graisse et les pièces de viande pourraient être expédiées dans notre pays ; à leur arrivée, il ne serait pas difficile de faire fondre la graisse tandis qu'elle est encore dans les barils, et d'en retirer ensuite les quartiers de viande conservée.

On conserve souvent des substances végétales dans des bouteilles remplies d'un sirop chaud, et cette pratique est très-ancienne. On se sert aussi d'eau chaude dans le même but, et ce procédé date de l'année 1807, lorsque la Société des Arts accorda un prix à M. Saddigton, pour sa méthode de conservation des fruits sans sucre. Cette méthode consistait à cueillir le fruit un peu avant qu'il ne fût mûr, et à l'introduire immédiatement dans des bouteilles propres, en remplissant les bouteilles avec le fruit jusqu'au goulot. On les plaçait alors dans un vase d'eau froide, que l'on chauffait jusqu'à ce que la température fût élevée à 160° ou 170° Fahr. (71° à à 77° c.). Après avoir été maintenues à cette température, pendant une demi-heure,on remplissait les bouteilles jusqu'à un pouce de leur ouverture avec de l'eau bouillante, on les bouchait aussitôt et on recouvrait le bouchon avec un ciment. L'action de la chaleur n'avait pas seulement pour effet de chasser l'air atmosphérique, mais encore de coaguler l'albumine végétale du fruit. On conserve aussi de cette manière les fruits et les légumes verts, en ajoutant généralement un peu d'alun à l'eau dans la bouteille, pour durcir la peau tendre du fruit, et l'empêcher ainsi de perdre ses formes en crevant.

(*b*) Un procédé qui ne diffère pas beaucoup du précédent est celui qui consiste à *supprimer l'oxygène de l'air dans le vase, en chauffant la substance qu'il renferme.* C'est le procédé de M. Appert, qui, en 1810 (trois ans après la publication de la méthode de M. Saddigton), obtint la récompense de 12 000 francs, offerte l'année précédente par le gouvernement français, pour le meilleur procédé de conservation des aliments. Dans le livre que M. Appert écrivit à cette époque, il dit qu'il faut faire cuire l'aliment jusqu'à un certain degré, et le mettre dans de fortes bouteilles de verre, que l'on emplit presque jusqu'au bord. On bouche alors les bouteilles avec soin, et on les expose pendant quelque temps à l'action de l'eau bouillante. Pour se garantir contre les accidents qui pourraient résulter de l'explosion, on ficelle les bouchons et on enveloppe séparément chaque bouteille dans de l'étoffe. Après cela on recouvre bien les bouchons de poix, pour fermer l'accès à l'air atmosphérique. Un procédé semblable a été breveté dans l'automne de la même année (1810), par M. Peter Durand, qui, sans doute, l'avait tiré de la description de M. Appert, rendue publique à une date antérieure de neuf mois; et, depuis lors, on a pris plusieurs brevets semblables, que je n'ai pas besoin de décrire. On a fait souvent des essais de conservation du lait par ce procédé. Appert recommandait de réduire le lait par l'ébullition à la moitié environ de son volume, avant de le mettre en bouteille; en 1847, Bekaert essaya de perfectionner ce procédé en ajoutant au lait du carbonate de soude. Plus tard encore, dans la même année, Martin de Lignac obtint un brevet pour conserver le lait, en le réduisant, par l'évaporation, au sixième de son volume, avant de le mettre en bouteille. Il y eut ensuite les brevets de Pymington et Moreau (1853). Le lait condensé de Cham, canton de Zug, ne laisse plus rien à désirer; il s'en fait un grand commerce en France et en Angleterre.

(*c.*). *La conservation des aliments, en faisant le vide dans les vases qui les contiennent*, date, comme je l'ai dit, de l'année 1810 : à cette époque Auguste de Heine proposa d'employer un vase ayant dans le haut une soupape qui permettait d'y faire le vide au moyen d'un appareil spécial, sans que l'air pût rentrer. Mais le vide était si imparfait que le procédé ne put réussir. En 1828, M. Donald Currie le perfectionna, en introduisant de l'acide carbonique dans le vase après qu'on l'avait entièrement privé d'air ; plus tard encore, en 1863, M. Leignette fit un nouveau perfectionnement, en remplissant d'eau salée les vases qui contenaient les aliments, puis en faisant sortir le liquide par l'ouverture des vases qui restaient ouverts dans ce but, pendant que l'on y faisait entrer de l'acide carbonique. Six années après (1842), M. John Bevan fit breveter un procédé consistant à extraire l'air des vases avec un appareil à faire le vide, après quoi on y introduisait une solution chaude de gélatine. Plus tard, en 1846, M. Rettie employa de la même manière une solution de sel commun ; mais aucune de ces méthodes ne réussit, pas plus que le brevet de M. Ryan (en 1846), pour l'emploi des gaz, principalement de la vapeur d'acide acétique, et de l'acide carbonique. Le procédé le plus parfait de cette espèce a été breveté en faveur de MM. Jones et Trevethick. Il consiste en un appareil, au moyen duquel le vide dans le vase qui contient l'aliment cru est effectué dans une cuve à eau. De cette manière, la rentrée de l'air dans le vase est rendue tout à fait impossible, et l'on empêche que les parois du vase soient enfoncées. Lorsque le vide est fait, on introduit dans le vase de l'azote pur, pour chasser le résidu d'air, et l'on fait encore le vide. Enfin, on fait entrer de l'azote contenant un peu d'acide sulfureux, la dernière trace d'oxygène est ainsi chimiquement absorbée. Les vases sont maintenant dans une condition convenable pour qu'on les retire de la cuve à eau, et pour qu'on en scelle les ouvertures avec de la soudure. De la viande, du poisson et de la volaille, conservés de cette manière, ont été trouvés bons après sept ou huit ans ; et on en a présenté des échantillons à l'Exposition de Londres de 1862.

(*d*) La manière la plus ordinaire d'expulser l'air est d'employer *la vapeur*. On met l'aliment, avec une certaine quantité d'eau, dans une boîte d'étain percée d'un trou vers le haut ; lorsque l'eau est en pleine ébullition, et que la vapeur après avoir chassé l'air, s'échappe en abondance, on ferme le trou avec de la soudure. Ce procédé remonte à l'année 1820 ; mais le premier brevet obtenu pour l'appliquer, fut accordé en 1823 à M. Pierre-Antoine Angilbert, qui du reste employait, pour chauffer les vases d'étain, un moyen très-grossier ; ce moyen a été perfectionné par Wertheimer en 1840. Au mois de janvier de l'année suivante, Gunter y fit encore un nouveau perfectionnement ; et, dans le courant de la même année, Goldner et Wertheimer prirent ensemble des brevets pour employer dans le même but un bain de chlorure de calcium. Voici les détails de ce procédé ; il est employé encore actuellement par Goldner, McCall, Richie, Morton et autres, qui exploitent en grand la conservation des aliments. On met la viande crue et les légumes dans des boîtes que l'on soude, et au couvercle desquelles on a laissé un trou d'aiguille. On soumet alors la boîte à une température d'un peu plus de 100° c. jusqu'à ce que le contenu soit cuit à peu près aux deux tiers ; puis, tandis que la vapeur s'échappe en sifflant, on scelle l'ouverture avec de la soudure. On recouvre alors la boîte d'une peinture à l'huile, et on l'expose pendant quelque temps, dans la chambre d'épreuve, à une température assez élevée pour déterminer la décomposition. Si la boîte ne donne pas de signes de gonflement produits par des gaz se dégageant de la putréfaction, la boite est considérée comme saine. MM. Hogarth et Ce, d'Aberdeen, emploient la vapeur au lieu du bain de chlorure de calcium.

La viande préparée de cette manière se conserve pendant très-longtemps. A l'exposition de 1851, on a présenté avec des attestations authentiques des échantillons qui étaient conservés depuis vingt-cinq ans. A l'exposition de 1862, j'ai examiné des spécimens d'aliments conservés depuis plus de trente ans. En ce moment, grâce à la bienveillance de MM. Crosse et Blackwell, je puis montrer une pièce de mouton conservée depuis quarante-quatre ans, et qui est dans d'excellentes conditions. Ce mouton faisait partie des provisions fournies par MM. Donkin et Gamble en 1824 au vaisseau d'exploration de Sa Majesté, le *Fury*, qui fit naufrage en 1825 dans la baie du Prince Régent ; les boîtes furent alors débarquées avec les autres provisions, et laissées sur la grève. Huit ans après (en août 1833), elles furent trouvées par sir John Ross dans le même état où elles avaient été laissées ; et il écrivit à M. Gamble à la fin de cette année, « Que les provisions étaient encore dans un état parfait de conservation, quoiqu'elles eussent été exposées chaque année à une température de 92° F. (33° c.) au-dessous de zéro et de 80° F. (27° c.) au-dessus de zéro. » Quelques-unes de ces boîtes furent laissées intactes par sir John Ross ; et après un nouvel intervalle de seize ans, la place fut visitée par plusieurs hommes de l'équipage de l'*Investigator*. Alors, d'après une lettre du capitaine, Sir James Ross, « les provisions étaient encore en très-bon état, après avoir été laissées sur la grève, exposées à l'action du soleil et de toutes sortes d'intempéries, pendant une période de près d'un quart de siècle. » MM. Crosse et Blackwell m'ont remis entre les mains les lettres originales ; elles mettent hors de tout doute que les viandes conservées de cette manière peuvent rester bonnes pendant un demi-siècle. De fait, la boite de mouton bouilli entre mes mains est conservée depuis 44 ans. Il ne peut donc y avoir aucun doute sur la merveilleuse efficacité du procédé en question. Aussi est-il appliqué en grand, non-seulement dans ce pays, mais encore dans nos colonies, où les aliments sont si abondants. Du saumon et des homards conservés de cette manière nous sont envoyés de Terre-Neuve, des tortues de mer nous sont expédiées de la Jamaïque, du bœuf et du mouton du Canada, et la queue du kangouroo, mets délicat, nous arrive ainsi de l'Australie. Mais deux objections sérieuses sont faites au procédé : la viande est presque toujours trop cuite, parce qu'on a voulu être sûr que l'air avait été complétement expulsé par la vapeur; en second lieu, les boîtes sont exposées à s'aplatir et à se crevasser sous la pression constante de l'atmosphère, à cause du vide qu'on y a fait. M. Nasmyth a proposé, dans son brevet de 1855, de mêler un peu d'alcool à l'eau pour abaisser le point d'ébullition ; et M. Mc Call, mettant à profit la propriété que possède le sulfite de soude d'absorber l'oxygène, recommande une ébullition moins prolongée et l'emploi d'un peu de ce sel. Le sel est contenu dans une petite capsule, fixée par une soudure molle à la surface intérieure du couvercle de la boîte. Lorsque l'aliment est cuit à peu près aux deux tiers, et que la vapeur s'échappe en abondance, on bouche le trou du couvercle avec un fer très-chaud, qui fait fondre la soudure de la capsule à l'intérieur, et détache ainsi la petite sphère de sulfite de soude, qui se vide et absorbe promptement ce qui reste d'oxygène dans la boîte.

On remédie à l'autre difficulté, celle de l'écrasement de la boîte par la pression atmosphérique, en y introduisant, ainsi que je l'ai déjà dit, des gaz inertes, comme l'acide carbonique, l'azote, etc., avec un peu d'acide sulfureux ; ce procédé a fait l'objet de plusieurs brevets, tels que ceux de Currie (1828), de Leignette (1836), de Ryan (1846), de Nasmyth (1855), et autres.

(*e*) La dernière méthode de quelque importance pour expulser l'air atmosphérique des aliments, est *de les recouvrir de quelques substances imperméables*. Ce procédé, comme je l'ai déjà dit, a été proposé pour la première fois par M. Robert Warington qui, en mars 1846, a obtenu un brevet pour l'emploi de « la glu commune, de la gélatine, du jus concentré de viande ; ou d'une couche mince de plâtre de Paris qui, lorsqu'il est durci, doit être saturé avec de la graisse fondue, de la cire, de la stéarine, etc. » « Les objets doivent ensuite être enveloppés dans une étoffe imperméable,ou recouverts soit de caoutchouc, soit de gutta-percha ; ou enduits d'un vernis de ces substances ; ou tenus plongés dans de la glycérine, de la mélasse, de l'oléine, de l'huile, ou tout autre matière non susceptible de s'oxyder. » Neuf ans après, en juin 1855, un brevet a été obtenu par MM. Delabarre et Bonnet, pour conserver la viande, le pain, les œufs, les légumes, de la pâtisserie, en les recouvrant d'un vernis fait avec de la viande et des os que l'on fait bouillir et d'où l'on retire un riche sirop. Ce sirop, après avoir été clarifié, est employé à recouvrir la viande et les légumes que l'on a fait bouillir légèrement. Au mois de février de la même année, un brevet semblable a été accordé à M. Hartnall, pour un procédé de conservation des substances animales et végétales, en les plongeant dans des bains de gélatine et de mélasse dissoutes ensemble en certaines proportions ; on les fait ensuite sécher, on les plonge de nouveau dans le bain et on les recouvre de poussier de charbon. Plus tard encore, dans la même année, M. Brooman a pris un brevet pour l'emploi de l'albumine et de la mélasse comme couverture de la viande que l'on fait sécher partiellement, et qu'on suspend ensuite dans un vase clos, rempli d'acide sulfureux. Enfin, dans le mois de décembre de la même année, MM. Bouëtt et Douein ont obtenu une protection provisoire pour l'emploi du collodion, soit seul, soit mélangé à des substances convenables.

Mais le meilleur procédé de conservation de la viande est celui du Dr Rodwood, dans lequel la viande est d'abord recouverte de paraffine, puis d'une couche flexible de gélatine mélangée à de la glycérine ou à de la mélasse. On plonge les pièces de viande dans un bain de paraffine dont la température est de 240° à 250° Fahrenheit (116° à 121° C.), et on les y laisse jusqu'à ce que l'humidité de la surface soit vaporisée. On les transporte ensuite dans un bain plus froid de paraffine, où elles reçoivent deux ou trois couches, avant d'être recouvertes de la dernière couche flexible de gélatine, etc. Lorsqu'on veut faire usage de cette viande, il est facile de la débarrasser de la paraffine en la plongeant dans de l'eau bouillante, qui dissout la couche flexible et fond la paraffine. Celle-ci flotte sur l'eau, et lorsqu'elle est froide, on peut la recueillir pour s'en servir de nouveau plus tard.

La méthode vulgaire de conserver les aliments en les introduisant de force dans des peaux, comme on le fait pour les saucissons, etc., est d'une date très-ancienne, quoiqu'un brevet ait été accordé à M. Palmer, en 1846, pour la conservation de la graisse de bœuf, de mouton, de veau ou d'agneau, en la faisant fondre lorsqu'elle est fraîche, la filtrant et la mettant ensuite dans des vessies.

3° *La conservation des aliments par le froid* est un procédé bien connu, car chacun sait que la viande se garde longtemps sans se détériorer dans la saison d'hiver; mais on ne sait pas bien jusqu'à quel point cette faculté préservatrice peut être portée. On rapporte que des animaux ont été trouvés dans un état de conservation parfaite dans la terre glacée des régions arctiques, où ils ont dû rester enfouis pendant des siècles. L'an dernier, le Dr Carl van Baer a communiqué à la Société royale le fait que le corps entier d'un Mammouth a été trouvé dans le sol gelé de la Sibérie arctique. Depuis combien de temps a-t-il été ainsi conservé? C'est ce qu'il serait difficile de conjecturer; mais il doit avoir été là pendant de longues périodes. Un autre exemple de la propriété préservatrice du froid, a été observé en Suisse, dans l'automne de 1861, lorsque les corps déchirés de trois guides de Chamounix furent trouvés à la partie inférieure du glacier des Bossons. Les chairs étaient parfaitement conservées, quoique quarante-un ans se fussent écoulés depuis que ces malheureux avaient perdu la vie. Ils avaient été entraînés par une avalanche descendue du grand plateau du Mont-Blanc, au mois d'août 1820, en tentant l'ascension de la montagne avec le Dr Hamell; on n'avait découvert d'eux aucune trace jusqu'au même mois de 1861 ; la glace de la montagne, étant descendue lentement, leurs restes furent amenés enfin au bas du glacier. Cette faculté conservatrice du froid est si bien connue des habitants de la Russie, du Canada, et des autres climats du nord, qu'ils ont pour pratique de tuer les animaux gras à l'approche de l'hiver, lorsque le fourrage devient rare, et d'en conserver les corps en les enterrant dans la glace ou dans la terre gelée; cette viande est ainsi conservée depuis le milieu de novembre jusqu'au commencement de mai. Nous avons aussi pour coutume d'entourer le saumon de glace; nous recevons de l'Amérique et nous envoyons aux Indes du gibier et de la volaille dans des caisses entourées de glace. L'application de cette méthode de conserver les aliments est à peu près sans limites, car, non-seulement nous pouvons faire dans ce but un approvisionnement de glace pendant l'hiver; mais elle peut nous être apportée en tout temps des régions les plus froides du nord de l'Europe, ou même on peut en fabriquer au prix de moins d'une demi-guinée (12 fr. 69 c.) la tonne (1,016 kilog.). Il y a en Australie une machine de M. James Harrison, qui peut, dit-on, produire 8,000 livres de glace par jour, à dix shellings (12 fr. 60 c.) de frais par tonne, et qui réalise encore d'assez beaux bénéfices. Pourquoi donc n'emploierions-nous pas la glace pendant l'été pour conserver les aliments? Des marchands spéciaux pourraient facilement se pourvoir pour cela de chambres closes renfermant la glace, où ils mettraient les substances à conserver; chacun pourrait en avoir aussi dans son ménage.

Le premier brevet pour conserver les aliments de cette manière a été accordé à John Lings, en 1845.

Une température de 200° à 212° Fahr. (93° à 100° c.) arrête aussi la putréfaction ; et l'on peut conserver des pièces de viande pendant quelque temps, en les plongeant de temps à autre dans de l'eau bouillante.

La quatrième et dernière méthode de conservation des aliments, est *l'emploi d'agents chimiques, appelés antiseptiques*, qui agissent en détruisant les infusoires ou les fongoïdes, et en formant des composés qui ne sont pas sujets à s'altérer. Le premier de ces agents est le *sel commun*, qui a été employé dès les temps les plus anciens. A la vérité, le sel a de nombreux inconvénients : il donne à la viande un mauvais goût, il lui enlève ses éléments solubles, il la rend dure, coriace et indigeste. Mais aujourd'hui on l'emploie beaucoup mieux qu'autrefois, alors que les rudes salaisons de la marine étaient la nourriture ordinaire de nos navigateurs : si l'on considère avec quelle facilité elle est appliquée, on ne sera pas surpris de voir cette méthode pratiquée universellement. Dans quelques parties de l'Angleterre et du pays de Galles, la coutume des classes aisées de l'agriculture est d'engraisser un cochon pendant l'été, pour le tuer et le saler à l'entrée de l'hiver. On traite de la même manière les jambons et les langues ; il en est de même du poisson lorsqu'il est abondant chez les habitants de nos côtes. Dès l'année 1800, un brevet fut accordé à M. Benjamin Batley, pour la préparation des conserves de harengs et de sardines en les salant : on voit que ce procédé lui réussit très-bien, car, l'année suivante, il prit un brevet pour traiter d'autres poissons de la même manière. Le délicieux *caviar* des Russes n'est rien autre chose que les œufs salés de l'esturgeon. Les légumes eux-mêmes peuvent être conservés dans le sel et l'eau, comme cela se fait pour les olives.

D'autres substances salines, le salpêtre, l'acétate d'ammoniaque, le sulfite de potasse ou de soude, le chlorhydrate d'ammoniaque (sel ammoniac), etc., sont encore de bons agents préservateurs, et ont été l'objet de plusieurs brevets. On conserve très-bien la viande en la mouillant avec une solution d'une partie d'acétate d'ammoniaque et de neuf parties d'eau, ou avec une solution faible de sulfate de soude. Il suffit d'humecter légèrement, avec la solution, la surface de la viande fraîche; quand elle sera sèche, elle est en état de résister à la décomposition. Au lieu de recouvrir la viande avec la solution, on peut injecter cette solution dans la viande, comme l'indiquent les patentes de Long (1834), de Horsley (1847), de Murdoch (1851), et autres.

Quelquefois, après avoir salé la viande ou le poisson, on les fait sécher et on les fume en les exposant dans des chambres closes, à la fumée de tourbe, de bois, de paille, etc., qui brûlent lentement; de cette manière, la viande et le poisson s'imprègnent de l'huile empyreumatique d'un brun foncé, qui se produit dans la combustion du bois. Le principal agent qui joue un rôle dans la conservation des aliments traités ainsi, est cette huile empyreumatique, ou créosote; elle leur donne un goût de fumée. On peut produire un effet semblable en faisant dissoudre la créosote du goudron de bois dans du vinaigre, et en imbibant de cette dissolution la viande salée. La créosote extraite de la houille (*acide carbolique* ou *phénique*) est aussi un puissant antiseptique; mais son goût n'est pas agréable, et c'est pourquoi on ne l'emploie pas dans la conservation des aliments; quoiqu'on en fasse une application très-étendue, sous la forme de coaltar, d'huile-lourde ou de créosote, pour la conservation du bois, de la toile, des voiles, etc.; la pureté parfaite que sont parvenus à lui donner le Dr Grace Calvert et d'autres fabricants, fait que l'usage de cette substance en médecine et en chirurgie prend une grande extension.

L'*esprit de vin* et le *vinaigre* sont d'autres agents préservateurs qui doivent leur propriété antiseptique à leur action destructive des infusoires, et à leur combinaison avec les éléments albumineux des matières alimentaires. Les cerises à l'eau-de-vie et les légumes confits en sont d'excellentes applications.

Enfin, la vapeur du soufre en combustion (acide sulfureux) est un antiseptique très-puissant; on a déjà pris plusieurs brevets pour son emploi dans la conservation des aliments. Au printemps de 1854, Laury fut breveté pour l'introduction de ce gaz dans le vase qui contient la substance à conserver. Dans le courant de la même année, Bellford obtint une protection provisoire pour l'emploi de l'acide sulfureux, avec environ un centième de son volume d'acide chlorhydrique, dont le but est d'empêcher l'acide sulfureux, de se combiner avec les sels alcalins de la viande, et de lui donner ainsi un goût désagréable. Les acides doivent être employés en dissolution, et la viande doit rester plongée dans la dissolution pendant vingt-quatre heures. L'année suivante (1855), il a été pris trois brevets, de Brooman, de Demait et de Hands, pour l'emploi de l'acide sulfureux sous forme gazeuse; dans l'exposé de Demait, il est expliqué que l'on préserve la substance en la suspendant dans une chambre, et en l'exposant pendant un certain temps à l'action du gaz. Le professeur Gamgee, dans un brevet récent, a fait revivre ce procédé avec certaines modifications. Il recommande, par exemple, de faire respirer à l'animal de l'oxide de carbone ; lorsqu'il est près de perdre sa sensibilité, on le saigne comme à l'ordinaire ; lorsqu'on a fait la toilette de la bête, on la suspend dans une chambre bien close, dont on extrait l'air, et que l'on remplit ensuite de gaz oxyde de carbone auquel on a ajouté un peu d'acide sulfureux. Elle doit rester exposée à l'action de de ces gaz pendant vingt-quatre ou même quarante-huit heures ; après quoi on dit que la viande se gardera plusieurs mois sans changement perceptible dans le goût ou l'aspect extérieur. On a fait l'épreuve du procédé en apprêtant de la viande à Londres et en l'envoyant à New-York ; après un intervalle de quatre ou cinq mois, elle a été déclarée bonne par un boucher praticien. Je suis bien porté à croire que le véritable agent préservateur est l'acide sulfureux, et qu'il y aurait de l'avantage à exclure de la chambre l'oxyde de carbone, gaz si fortement vénéneux.

En terminant ce que j'avais à dire sur cette partie de mon sujet, je ne puis m'empêcher de faire remarquer que l'histoire de ces brevets nous offre des preuves frappantes de la nécessité de réformer nos lois des patentes ; car, non-seulement dans le dispositif de ces brevets on ne tient souvent aucun compte des principes scientifiques; mais encore, dans bien des cas, on paraît ignorer complétement ce qui a déjà été fait sur la matière. Il se produit donc fréquemment des répétitions du même procédé, presque toujours imparfaitement spécifié ; et, d'un autre côté, on donne souvent de l'importance aux détails les plus ridicules, sans autre but, ce semble, que d'entraver, par des inventions imaginaires, les inventions réelles. Sur les 121 brevets pris pour la conservation des aliments, que j'ai eu l'occasion d'examiner, il y en a à peine une douzaine qui aient été utiles au public ou profitables au patenté!

J'arrive maintenant à la dernière division de mon travail, à celle qui a pour objet la vente et l'usage d'aliments malsains ou altérés. Parmi ces diverses espèces d'aliments, aucune, peut-être, ne mérite plus l'attention que la *mauvaise viande*, c'est-à-dire la viande qui est devenue malsaine parce qu'elle est corrompue, ou parce qu'elle provient d'animaux malades. Un aliment de cette nature a toujours été la matière d'une prohibition légale. Chez les Juifs, la prohibition date du temps de Moïse, que l'on suppose avoir reçu de Dieu, pendant son séjour sur le mont Sinaï, certains préceptes oraux relatifs à la manière de tuer les animaux, et à l'examen de leurs corps, pour s'assurer s'ils avaient quelque maladie. Ces préceptes ne sont pas rapportés dans la loi écrite, mais ils furent évidemment communiqués au peuple d'Israël par Moïse, car il dit : « Tu tueras ton bœuf et ta brebis, que le Seigneur t'a donnés, *comme je te l'ai ordonné.* » (Deut. chap. XII, v. 21.) Il est donc à présumer que ces prescriptions ont été bien spécifiées, et qu'elles ont été mises en pratique par les Juifs depuis ce temps jusqu'à nos jours. La loi des Hébreux établit qu'on ne doit manger aucune viande que celle d'animaux tués et visités, ou examinés par l'officier (*bodek*), établi pour ce ministère. Ses fonctions sont soumises à des règlements précis et rigoureux; en effet, il est obligé, par des serments solennels, à déclarer, au sujet de chaque animal qu'il tue, si la viande en est bonne à manger (*caser*), ou si elle est impropre à servir d'aliment parce que l'animal était malade ou blessé (*trefa*). Cette expression paraît dériver d'une prescription de Moïse d'après laquelle on ne devait pas manger de la chair d'un animal qui aurait été blessé dans le camp (Exode, chap. XXII, v. 31); le mot blessé (*trefa* ou *terefa*) était supposé, d'après les traditions en usage chez les Hébreux, s'appliquer non-seulement aux animaux blessés à la chasse, ou par des bêtes sauvages, ou par la maladresse du boucher, mais encore à ceux qui sont attaqués de quelque maladie qui doit abréger leur vie; et comme on pense qu'une maladie de cette nature est toujours indiquée par l'état des poumons, le préposé, ou *bodek*, apporte le plus grand soin à l'examen de ces organes. Ses règles ou instructions à ce sujet sont très-détaillées; mais on peut dire, d'une manière générale, qu'il condamne comme non légale, ou impropre à servir d'aliment, la chair de tout animal dans lequel les poumons présentent les apparences suivantes : — Absence, excès ou déplacement des lobes; adhérences ou fausses membranes; tubercules ou abcès contenant de la matière ou humeur opaque: décolorations qui ne disparaissent pas lorsqu'on gonfle les poumons; ulcères, trous et plaies qui se laissent traverser par l'air; solidifications impénétrables à l'air, et putréfaction des tissus. Plusieurs de ces signes n'ont pas grande valeur comme indices de maladie, et voilà comment, quoique la chair des animaux qui les présentent soit rejetée par les Juifs, elle est consommée sans difficulté par les chrétiens. Les Juifs font en effet, avec bouchers non orthodoxes, une sorte de marché en vertu duquel ils prennent seulement de ces animaux ce que leur officier, le bodek, après les avoir tués, regarde comme étant dans les conditions légales; le reste est vendu au public. Cela s'est pratiqué dans tous les temps, car il en est souvent fait mention dans nos archives légales et autres. Le *Liber albus*, par exemple, rapporte que le 24 juin 1274, certaines personnes influentes de la cité furent appelées devant le Conseil du roi pour expliquer ce que l'on faisait de la viande rejetée par les juifs comme impure, et si l'on permettait aux chrétiens d'acheter et de manger de cette viande. Il fut répondu que si un habitant de la cité achetait une pareille viande d'un juif, il serait expulsé; que, s'il était reconnu coupable par le shériff, la viande serait saisie et donnée aux lépreux ou aux chiens, et que, de plus, il serait condamné à une forte peine. Sur quoi le Conseil déclara qu'il ordonnait au nom du roi que cette coutume fût strictement observée. Mais, d'après ce qui est enregistré dans le *Liber albus*, je crois qu'on faisait beaucoup moins d'attention à la vente de la viande d'animaux impurs qu'à celle de la viande corrompue; car, en examinant les jugements rendus par les différentes cours du roi, je trouve que, tandis que la peine du pilori est prononcée dans vingt et un cas pour la vente de viande de volaille ou de poissons corrompus, il n'y a pas un seul exemple d'un pareil châtiment pour la vente de la viande impure des Juifs.

Dans l'ancienne Rome, il y avait des inspecteurs chargés d'examiner la viande dans les marchés publics avant la mise en vente ; et les bouchers étaient souvent condamnés à l'amende pour avoir transgressé la loi à ce sujet. M. Charles Reed rapporte un exemple tiré des *Acta diurna*, ou Gazette romaine de l'an de Rome 585 ; en voici la traduction : « A. U. C. DLXXXV. Le quatrième jour des Kalendes d'Avril. Les licteurs, de par Lucinius, consul, et Lertinus, édile, ont mis les bouchers à l'amende pour avoir vendu de la viande qui n'avait pas été visitée par les inspecteurs des marchés. L'amende doit être employée à la construction d'une chapelle dans le temple de la déesse Tellus. »

Dans les temps modernes, des réglements sévères ont été faits dans tous les États de l'Europe sur cette matière, et, dans plusieurs cas, des instructions particulières ont été données sur certaines maladies qui rendaient la viande impropre à servir à l'alimentation. La coutume est alors d'examiner soit l'animal vivant, soit le corps de l'animal après qu'il a été tué. Cet examen est confié à des officiers spéciaux, qui doivent interdire toute viande malade ou corrompue, de même que la viande des animaux qui sont morts autrement que par la main du boucher; et l'on ne peut vendre aucune espèce de viande sans qu'elle ait été soumise à leur examen. En Angleterre, quoiqu'il y ait des lois qui prohibent la vente d'animaux corrompus ou malsains, cependant il n'existe pas de mesures spéciales pour l'inspection de la viande, lors même qu'elle est exposée dans les boucheries publiques. Tout ce que la loi permet, c'est que les autorités locales désignent, si elles le jugent à propos, une personne pour exercer ces fonctions; mais, comme cet agent devrait naturellement être rétribué, et parce que sa nomination n'est pas obligatoire, il arrive que ces fonctions sont rarement remplies. D'où il résulte que, sauf dans quelques localités rares, on vend presque partout librement de la viande malade ou malsaine; les plus mauvaises qualités sont généralement vendues aux pauvres pendant la nuit.

Nos ancêtres prenaient des mesures énergiques pour empêcher cet abus; entre autres choses, ils ordonnaient que les bouchers fermassent leurs boutiques avant qu'on n'allumât les chandelles, et défendaient qu'ils vendissent de la viande à la chandelle (*Liber albus.*).

Dans la cité de Londres, l'inspection se fait avec autant de soin qu'il est possible ; néanmoins, au milieu de la confusion qui résulte, le matin, de l'immense multiplicité des affaires, une grande quantité de viande malsaine échappe à la vigilance des inspecteurs. Dans le fait, sans l'assistance des marchands de bétail des marchés, il serait absolument impossible d'empêcher, d'une manière assez complète, la vente des viandes malsaines ; car, dans les trois marchés de la cité : Newgate, Aldgate et Leadhall, il se vend jusqu'à 400 tonnes de viande par jour. Cette viande arrive de toutes les parties de la Grande-Bretagne et de l'Irlande, aussi bien que de la Belgique, de la Hollande, de la France, et même des ports de la Baltique. Sur cette quantité, il y a beaucoup d'animaux malades, qui viennent surtout de l'intérieur du pays, où l'on a l'habitude d'envoyer à Londres tout ce que l'on ne peut pas vendre chez soi. Je ne saurais dire quelle est la proportion actuelle de la mauvaise à la bonne viande ; mais nous saisissons et nous condamnons environ deux tonnes de viande par semaine, ce qui donne la proportion d'une partie sur 750. L'année dernière, la quantité de viande condamnée comme impropre à servir de nourriture a été de près de 129 tonnes, et, l'année précédente, cette quantité s'était élevée à plus de 152 tonnes. Pendant les sept années qui se sont écoulées depuis que, sur ma proposition, les inspecteurs ont été nommés, il a été saisi et détruit, comme ne pouvant servir à la nourriture de l'homme, 1 567 810 livres, ou juste 700 tonnes (en kilogrammes 711 258). Sur cette quantité, 805 653 livres étaient de la viande d'animaux malades, 568 375 livres de la viande corrompue, et 193 782 livres de la viande d'animaux morts d'accidents ou de maladie Cette viande provenait de 6 640 moutons et agneaux, 1 025 veaux, 2 896 porcs, 9 104 quartiers de bœufs, et 21 976 morceaux de diverses viandes. De plus, on a saisi et condamné dans les marchés de la cité, pour cause de corruption, 19 040 pièces de gibier et de volailles, 207 quartiers de venaison, et plus de 7 millions de poissons, avec des milliers de boisseaux de coquillages, de crevettes, de pétoncles, etc.

Il est à regretter que dans les différents actes du Parlement, relatifs à la prohibition de la viande malsaine, il n'y ait pas de règles spéciales pour guider les inspecteurs chargés d'examiner ces matières : il n'existe, en effet, qu'une disposition générale exprimée en termes très-vagues, déclarant que l'officier médical de la salubrité, ou l'inspecteur des abattoirs, ou l'inspecteur des contraventions de police, peut, toutes les fois qu'il y a quelque motif raisonnable, inspecter et examiner tout animal, corps d'animal, viande, volaille, gibier, chair, poissons, etc., exposés en vente, ou déposés en un lieu quelconque pour être vendus, ou en préparation pour la vente, ou destinés à la nourriture de l'homme ; et dans le cas où ils paraîtraient à l'officier médical de salubrité, ou à l'inspecteur, provenir d'animaux malades, ou être corrompus, ou malsains, ou impropres à la nourriture de l'homme, il aura droit de les saisir et d'en ordonner la destruction. Dans cette réglementation, il n'y a pas de désignation particulière se rapportant à l'espèce d'aliment qui est malsain, ni aux circonstances qui le rendent tel : beaucoup de choses, par conséquent, sont laissées à la discrétion de l'officier qui fait l'examen. Dans la cité de Londres, il est d'usage de condamner la viande d'animaux infectés de certains parasites, comme les hydatides (causes de la ladrerie du porc), les douves ou entozoaires, etc. ; celle d'animaux souffrant de la fièvre ou d'affections inflammatoires aiguës, comme la peste bovine, la pleuro-pneumonie, la fièvre puerpérale ; celle d'animaux qui se trouvent amaigris par une maladie de langueur, de ceux qui sont morts par accident ou par des causes naturelles, de même que toute viande imprégnée de drogues ou dans un état avancé de putréfaction. Pour reconnaître la viande qui rentre dans ces différentes catégories, il faut une certaine pratique, mais, en général, on peut dire que la bonne viande présente les caractères suivants :

1° Elle n'a ni une couleur rose pâle, ni une teinte pourpre foncée : la première couleur est un signe de maladie; la seconde indique que l'animal n'a pas été égorgé, mais qu'il est mort sans avoir perdu son sang, ou qu'il a souffert d'une fièvre aiguë ;

2° Elle a un aspect marbré, produit par les ramifications de petits filets de graisse distribués dans les muscles :

3° Elle doit être ferme, élastique au toucher, et mouiller à peine les doigts; la mauvaise viande est humide, molle et flasque, avec de la graisse ressemblant à de la gelée ou à du parchemin humide.

4° Elle ne doit pas avoir d'odeur ou en avoir peu, et cette odeur ne doit pas être désagréable ; car la viande d'animaux malades a une odeur cadavéreuse malsaine, quelquefois une odeur désagréable de pharmacie. Cette odeur se découvre très-aisément lorsque l'on hache la viande et qu'on la lave avec de l'eau chaude.

5° Elle ne doit pas se contracter, ni diminuer beaucoup en cuisant.

6° Elle ne doit pas couler en eau ou devenir très-humide quand on la garde un jour ou deux ; elle doit au contraire se sécher à la surface.

7° Lorsqu'on la fait sécher à la température de 100° c. ou à peu près, elle ne doit pas perdre plus de 70 à 74 pour cent de son poids ; tandis que de la mauvaise viande perd souvent jusqu'à 80 pour cent.

D'autres propriétés d'une nature plus délicate serviront encore à reconnaître la mauvaise viande, par exemple, cette propriété que le jus de la viande est alcalin ou neutre au papier d'épreuve, au lieu d'être manifestement acide ; ou que la fibre musculaire examinée au microscope, ressemble à une sorte de bouillie, ou se montre mal définie.

Les signes des maladies parasitiques ne peuvent pas toujours être observés sans un examen très-attentif. Pour les douves dans les foies de mouton, les hydatides dans le porc, et les cœnures dans la cervelle ou dans le foie, on découvre tout aussitôt la nature du mal ; mais il n'en est pas de même des petits cysticerques du bœuf ou du veau, et il est encore plus difficile de reconnaître les trichines du porc ; dans ce cas, le microscope est indispensable.

Nous pourrions nous demander ici, *quels sont les effets d'une viande malade ou corrompue sur l'organisation de l'homme ?* Il est certainement très-difficile de répondre à cette question ; car, tandis que d'une part nous avons des preuves nombreuses qu'on peut très-souvent manger impunément une viande de cette nature, d'autre part, nous avons beaucoup d'exemples trèsfrappants des maux qu'elle produit. En Ecosse, il est une maladie appelée *braxy* (sang de rate), qui attaque les brebis et les agneaux au printemps, ou au commencement de l'été. Elle est la cause de la moitié au moins des moutons morts dans l'année. La maladie tue les animaux très-rapidement, en produisant une stagnation du sang dans les organes vitaux les plus importants ; or, comme les cadavres des animaux sont le profit éventuel du berger, il ne manque presque jamais de manger les parties principales, en prenant la précaution de jeter les intestins, et de retrancher les morceaux tachés par la congestion du sang.

Il a même la précaution de saler cette viande avant de la manger, et si on l'interroge à ce sujet, il répond qu'ainsi salée la viande n'est pas malsaine. Mais de temps en temps, soit que les parties malades n'aient pas été entièrement séparées, ou que l'action du sel n'ait pas été assez prolongée, ou que la cuisson n'ait pas été parfaite, cette nourriture produit des effets funestes ; au point que beaucoup de médecins praticiens, qui connaissent sous ce rapport les habitudes des bergers écossais, et qui ont vu le mal occasionné par la viande de ces moutons malades déclarent que l'usage de cette viande présente les plus grands dangers. En outre les ouvriers de ferme ont l'habitude de manger de la viande de mouton attaqué du vertige ou tournis, maladie parasitique de la cervelle ; et même de la viande d'animaux morts de maladies inflammatoires aiguës. Le Dr Brücke, professeur de physiologie à Vienne, raconte que, lorsque la *clavelée*, il y a quelques années, sévissait en Bohême, et que les animaux infestés étaient tués et enterrés par ordre du gouvernement, les pauvres déterraient les corps des jeunes bœufs, les faisaient cuire et les mangeaient sans en éprouver de mal. Dans notre pays aussi, au plus fort de la *peste bovine* de 1863, des quantités énormes de viandes provenant d'animaux malades ont été envoyées au marché, vendues et mangées. La même chose a eu lieu pour les corps d'animaux attaqués de la *pleuro-pneumonie* aiguë ; et si, comme le dit le professeur Gamgee, c'est une habitude si générale, de tirer ainsi parti des animaux malades, que la cinquième partie au moins de la viande vendue sur les marchés publics provient de ces animaux, on peut se demander, avec M. Simon, comment il se fait qu'un pareil abus ne se révèle pas en donnant lieu à quelque grave maladie ; comment il arrive que des animaux qui révèlent dans leur sang les miasmes putrides de la fièvre, ou sont atteints d'abcès ou d'infiltrations locales d'où coulent les plus mortels des poisons inoculables, ou dont les tissus fourmillent de larves de parasites, n'empoisonnent pas tous les individus qui mangent de leur chair ? Parent du Châtelet combat l'innocuité apparente attribué à la viande la plus gâtée et la plus corrompue. Mais n'est-il pas possible que le danger soit détourné par l'opération de la cuisson ? L'estomac de l'homme n'est-il pas doué d'une merveilleuse faculté préservatrice dans l'exercice des fonctions qui lui sont propres ? Le venin mortel de la vipère ou du serpent à sonnettes peut être avalé impunément ! Mais il est possible que ces moyens de préservation ne réussissent pas toujours, ou fassent quelquefois défaut, et alors il pourrait en résulter les conséquences les plus sérieuses. J'ai eu souvent à examiner des cas de maladies mystérieuses. qui avaient été certainement causées par de la viande malsaine. L'une d'elles, d'un intérêt plus qu'ordinaire.

s'est présentée au mois de novembre 1860. En voici l'histoire : un quartier de devant de vache avait été acheté au marché de Newgate par un fabricant de saucissons qui demeurait à Kingsland. On a connu soixante-six personnes qui mangèrent des saucissons faits avec cette viande, et, sur ce nombre, soixante-quatre furent attaquées de diverses maladies, de diarrhées, d'une grande prostration des forces vitales ; une d'elles même mourut. A la requête du coroner, je fis une enquête, et j'acquis la certitude que la viande en question provenait d'un animal malade, que cette viande, et cette viande seule, avait été la cause de tout le mal. Le Dr Livingstone nous apprend que, lorque la viande d'animaux affectés de pleuro-pneumonie est mangée dans l'Afrique du sud, soit par des naturels du pays, soit par des Européens, elle produit infailliblement le charbon. Ces effets pestilentiels, dit-il, se sont souvent produits sur des missionnaires qui avaient mangé de cette viande, lors même que les symptômes de la maladie étaient à peine perceptibles ; et lorsque des Backwains s'obstinent à dévorer la viande d'animaux attaqués de cette maladie, la mort en est très-souvent la conséquence. Il ajoute qu'on ne détruit le virus ni en faisant bouillir la viande, ni en la faisant rôtir, et il appuie ses assertions d'exemples sans nombre. En outre, un fait très-remarquable, c'est que, depuis l'année 1842, que cette maladie (la pleuro-pneumonie des bestiaux) fut importée de Hollande en Angleterre, le chiffre annuel des animaux morts par le charbon, le flegmon et les furoncles a été graduellement en augmentant. Dans les cinq années qui avaient précédé cette époque, la mortalité par le charbon en Angleterre avait été à peine de 1 sur 10 000 décès ; de 1842 à 1846, aucun cas de maladie ne fut signalé ; mais, dans les cinq années suivantes, de 1846 à 1851, la mortalité par le charbon s'est élevé à 2,6 sur 10 000 décès ; dans les cinq années suivantes, elle s'est élevée à 6,2 sur 10 000 ; dans les cinq années qui ont suivi, elle a été de 5,4. Quant au flegmon, l'augmentation de la mortalité qu'il a occasionnée a été encore plus remarquable ; car elle s'est élevée de la moyenne 2,5 sur 10 000 décès, dans les cinq années qui avaient précédé l'importation de la maladie, à la moyenne de 81 sur 10 000 dans les dix années de 1847 à 1856. Le directeur de l'enregistrement d'Ecosse a appelé l'attention publique sur ce fait, en disant que les décès par le charbon allaient en augmentant, et que la mortalité par ce mal avait toujours été de plus en plus considérable depuis que la maladie des poumons, la péripneumonie, avait été importée en Ecosse. L'expérience de la pratique médicale a pleinement confirmé cette observation ; mais comme il est très-difficile de découvrir la connexité immédiate qui peut exister entre un aliment malsain et la maladie qui en est la suite, parce que beaucoup de circonstances peuvent masquer cette connexité, il n'est pas étonnant qu'il y ait des opinions différentes au sujet des effets d'une viande de mauvaise qualité. La question ne pourra être résolue que par des recherches expérimentales, comme on en a déjà fait en Allemagne au sujet des maladies des parasites. Je ne vois pas de raison pour que l'on ne fasse pas des expériences pareilles sur la personne de ceux qui envoient de la viande malade au marché public pour la vendre ; car, comme ils justifient ordinairement leur conduite en disant que leur viande est bonne pour l'alimentation, pourraient-ils blâmer l'arrêt qui les condamnerait à en manger. Voici, par exemple, un spécimen de porc recouvert de pustules de petite vérole; il a été saisi par un des officiers de la cité chez un fabricant de saucissons, et, malgré son aspect dégoutant, ce pourrait être un aliment bon et sain! Alors pourquoi ne pas en faire l'épreuve sur le vendeur, en l'obligeant à en manger? Dans l'année 1862, lorsque la petite vérole sévissait sur les brebis dans plusieurs parties de l'Angleterre, on envoyait communément aux marchés de Londres les corps des animaux qui avaient été atteints par la maladie. Plus tard, en 1863, il y eut, sur les porcs de cette métropole, une épizootie analogue à la fièvre scarlatine; leurs corps, avec le cramoisi brillant qui caractérise cette maladie, étaient envoyés invariablement au marché pour être salés et servir d'aliment. Des faits nombreux de cette espèce arrivent constamment à ma connaissance; et la question de savoir si une pareille viande convient pour la nourriture est tellement obscure, que ma conduite en cette matière est très-incertaine. Je voudrais bien que cette question fût décidée expérimentalement; d'autant plus qu'en l'état où elle est maintenant, ou bien nous prohibons de grandes quantités de viande qui pourraient être mangées en toute sécurité, et par conséquent nous confisquons une propriété, nous diminuons les ressources alimentaires; ou bien nous laissons arriver presque sans opposition sur les marchés publics, de la viande malsaine.

Mais il ne peut pas y avoir de doute sur les propriétés malfaisantes de la viande des animaux infectés d'une maladie parasitique; et de toutes les maladies de ce genre, la plus terrible peut-être est la *trichine* du porc. Heureusement cette affection est rare dans notre pays, quoiqu'elle se déclare assez souvent en Allemagne. Le porc infecté de trichine a une couleur généralement plus foncée que d'habitude, à cause de l'action irritante ou inflammatoire du ver logé dans ses muscles ; et lorsque le parasite est enkysté, la viande offre un aspect tacheté, les petits kystes blancs qui contiennent le ver étant visibles à l'œil nu. La trichine est un petit ver semblable à un fil, d'environ un millimètre de longueur, enroulé sur lui-même en spirale ; de là le nom qu'on lui a donné de *trichina spiralis*. Dans l'organisme humain, on la trouve généralement à l'état enkysté, et ne présentant plus de danger. Dans la plupart des cas, lorsqu'on l'avait découverte en cet état, on n'avait pas remarqué son action, et on la regardait comme un visiteur tout à fait inoffensif ; mais nous savons maintenant que lorsqu'elle est libre, c'est-à-dire, avant que la nature ne l'ait emprisonnée dans son petit kyste, sa présence est la cause de désordres effrayants ; environ 50 pour cent des individus qu'elle attaque expirent dans une affreuse agonie. Cette maladie s'est souvent déclarée en Allemagne, et, pendant un certain temps, elle a déconcerté l'habileté des médecins les plus expérimentés. Nous ne savons même pas d'une manière positive pendant combien de temps et combien de fois elle a attaqué les populations qui se nourrissent de porc, car sa véritable nature a été ignorée jusqu'en l'année 1860, que le Dr Zencker, de Dresde, a découvert la pathologie de la maladie. Depuis lors, elle s'est montrée plusieurs fois, comme à Planen, en Saxe, en 1862 ; à Hettstardt, près d'Eisleben, en 1863 ; et à Hedersleben, près de Magdebourg, dans la Saxe prussienne, en 1866. Dans tous ces cas, on a observé les mêmes, ou presque les mêmes symptômes : quelquefois les fonctions digestives étaient immédiatement troublées ; mais plus communément il s'écoulait un jour ou deux avant qu'on ne remarquât quelque symptôme particulier; on éprouvait alors un sentiment de lassitude, avec perte de l'appétit, et des douleurs dans la tête et dans le dos. Puis apparaissait un trouble sérieux du canal alimentaire, avec vomissements et diarrhée. Cela durait un ou deux jours ; enfin une semaine après que le ver avait été mangé, survenait une fièvre qui devenait de plus en plus forte. Pendant ce temps, les jeunes vers éclos dans le corps s'étaient transportés dans les muscles éloignés, et causaient bientôt les souffrances les plus cruelles, de sorte que le malade, qui redoutait de mouvoir ses muscles enflammés, était réduit à rester couché immobile sur le dos. S'il arrivait qu'il ne mourût pas dans cet état déplorable, c'est que la nature venait quelquefois à son secours en emprisonnant le parasite dans un kyste fibrineux. Ainsi enveloppé, l'animalcule vit pendant des années, prêt à tout moment à reprendre son activité lorsqu'il sera délivré de sa prison. Or, ce fait se produit lorsque la chair où il se trouve vient à être mangée ; le kyste étant promptement dissous par le suc gastrique, le ver est mis en liberté, et se trouvant au milieu d'un aliment nourrissant, il prend un développement rapide, de sorte que, au bout de deux ou trois jours, il est devenu trois ou quatre fois plus grand, et peut être vu facilement à l'œil nu, comme un bout de fil fin. Les trichines sont de différents sexes, et chaque femelle pond de 300 à 500 petits vers, qui se mettent sur-le-champ à voyager, perçant les parois des intestins, et se transportant dans les différentes parties du corps où ils produisent des désordres terribles. Quoique le cochon soit l'animal qui en est le plus ordinairement infecté ; on l'a trouvé aussi dans les muscles de chiens, de renards, de blaireaux, de moutons, de taupes, de hérissons, de rats, de souris, de grenouilles, et de la plupart des oiseaux carnivores. Tous ces animaux doivent avoir éprouvé la maladie ; mais elle ne paraît pas produire chez eux des désordres comparables à ceux qu'elle cause chez l'homme ; les enfants mêmes en sont moins affectés, car ils la neutralisent en partie par le sommeil. Du reste, il existe un moyen facile de découvrir la présence de la trichine dans les animaux ; en effet, le siége le plus certain de ce parasite est dans les muscles de l'œil ; on a donc seulement à examiner ces muscles au microscope pour juger si la chair est ou n'est pas infectée ; maintenant, les charcutiers allemands ne manquent jamais d'examiner un porc de cette manière avant de le faire servir à l'alimentation. D'autres êtres parasitiques, comme les hydatides qui causent la ladrerie dans le porc, et les petits cysticerques qui attaquent le bœuf et le veau, se rencontrent au sein de petis sacs disséminés dans le maigre de la viande. Les cysticerques ou les hydatides du porc sont faciles à voir, parce qu'ils ont la grosseur d'un grain de chènevis ; mais les cysticerques des autres animaux sont plus petits, et il faut beaucoup d'attention pour les découvrir. Dans les deux cas le sac contient un animalcule avec une sorte de tête tuberculée, portant une petite couronne de crochets, et pourvu d'une queue semblable à une vessie. Peu après qu'il a été avalé, le sac qui l'enveloppe est dissous par le suc gastrique, l'animalcule, mis en liberté, passe dans les intestins, s'y fixe par ses petits crochets, et se développe rapidement, anneau par anneau, en ver solitaire. Dans le cas du *cys-*

ticerque du porc, il forme la variété de ver solitaire nommée *tenia solium* ; dans celui du bœuf et du veau, il produit le *tenia mediocanellata.* Ce dernier est la variété qui se rencontre le plus ordinairement dans les intestins de l'homme, et il est fréquent dans les pays où l'on fait usage de viande crue ou presque crue, comme en Abyssinie et dans certaines parties de la Russie, où l'on fait sucer aux enfants un morceau de bœuf cru, dans l'idée qu'il est beaucoup plus fortifiant. Chaque segment du ver est un individu indépendant, contenant des myriades d'œufs ; lorsqu'il a passé par les intestins, et que, jeté dans les champs avec le fumier, il est mangé par les cochons, les bœufs ou les chèvres, les œufs éclosent dans l'estomac. Aussitôt les jeunes vers traversent les parois des intestins, se répandent dans le tissu musculaire, s'enkystent, et forment de petits sacs où ils restent engourdis pendant des années, quoiqu'ils soient toujours prêts à devenir des vers solitaires, dès que la chair dans laquelle ils se trouvent sera mangée. Le parasite se perpétue ainsi, d'abord comme ver solitaire avec segments, dans les intestins d'un animal, ensuite comme larve constituant la ladrerie dans les muscles d'un autre animal, puis de nouveau comme ver solitaire. Par des transformations semblables le *tenia chinococcus*, ou petit ver solitaire du chien, devient l'*hydatide* dans le corps de l'homme et dans celui d'autres animaux.

En Islande les chiens sont très-sujets à cette maladie, et le bétail, de même que l'homme, souffre de l'hydatide qui en provient. Le sujet a été étudié avec soin par le Dr Leared ; il a demontré que l'habitude de nourrir les chiens avec de la chair d'animaux malades leur donnait le ver solitaire, et qu'ils en répandaient les segments, remplis d'œufs, sur les pâturages et les eaux courantes. Ces segments sont ainsi introduits dans le corps des bestiaux, des moutons et même de l'homme; alors, comme dans le cas précédent, les œufs se développent rapidement ; la jeune hydatide ou larve du ver solitaire perce les parois du canal alimentaire, se transporte dans des parties éloignées, et, trouvant un endroit convenable pour se développer, elle devient à la longue une grande *hydatide* semblable à une vessie. Dans le mouton, elle choisit souvent le cerveau pour y établir sa demeure, et elle y produit la maladie appelée *tournis* ; chez le bœuf, elle se développe dans la cavité du péritoine; chez l'homme elle se loge dans le foie, et occasionne un dérangement effrayant dans l'organisme : le sixième des décès dans notre pays (l'Angleterre) n'a pas d'autre cause.

Il est encore une autre classe de parasites appelés *trématodes entozoaires*, qui infestent le foie et les intestins de l'homme et des animaux herbivores. Le plus commun est le *distoma hepaticum* ou *entozoaire du foie* du mouton. Dans les saisons humides, l'animal en est presque constamment atteint, et son amaigrissement est extrême : on saisit tous les jours des foies malades sur nos marchés publics. Il y a peu d'années (1863), dans une conférence que fit le professeur Brown sur la disposition des animaux à cette maladie, par suite de la manière actuelle de les nourrir, il dit qu'un jour, ayant besoin de quelques moutons pour des dissections, et s'étant adressé à un gros boucher, celui-ci lui en procura cinq ou six qui, quoique dans un état avancé de corruption, étaient apprêtés pour le marché. Un boucher des environs lui apprit même que, dans l'espace de six mois, il n'avait pas tué moins de 750 de ces animaux, dans un état extrême de maladie, il le croyait du moins ; tous avaient été envoyés au marché et vendus pour servir à l'alimentation. Que deviennent ces centaines et ces milliers de moutons malades que nous voyons dans les champs ? Pour les enterrer il faudrait des catacombes tout entières ; mais ces catacombes sont les entrailles de l'homme ! La manière dont la maladie est produite dans le mouton est curieuse. Les œufs passent de la vésicule de la galle des animaux infectés dans les intestins et de là dans les champs ; trouvant un endroit humide, ils éclosent bientôt en embryons ciliés, qui surnagent, se développent en sacs cylindriques, et forment de petites hydatides ; celles-ci s'attachent à quelque mollusque tel qu'une petite limace : dans les temps humides, les limaces infectées se traînent sur l'herbe et sont mangées par des moutons ; alors l'hydatide change promptement d'état et devient un cœnure. Lorsqu'elle se trouve dans le corps de l'homme, elle a peut-être été bue avec l'eau ou mangée avec quelque plante aquatique, comme le cresson, etc., etc.

Le principal moyen de nous prémunir contre l'invade ces intrus est de faire cuire parfaitement la viande.

On a souvent reconnu que les animaux qui avaient été excités avant leur mort, soit par une marche forcée, soit par des tortures, avaient une viande malsaine. Dans ses lettres sur la chimie, Liebig cite de ce fait un exemple remarquable, celui d'une famille de cinq personnes qui fut sérieusement malade pour avoir mangé d'un chevreuil pris dans un piége, et qui, avant de mourir, s'était débattu violemment.

Un autre fait très-digne d'attention, c'est que la viande peut même être vénéneuse par suite de la nature des aliments que les animaux ont mangés peu de temps avant d'être tués; et cela, sans aucun indice de désordre dans les animaux eux-mêmes. Les lièvres qui se sont nourris de *Rhododendron chrysanthemum* sont souvent vénéneux ; il en est de même des faisans de Pensylvanie et de Philadelphie qui, pendant l'hiver et le printemps, se nourrissent de bourgeons du laurier (*Calmia latifolia*) ; j'ai vu plusieurs exemples d'accidents graves produits par la chair de poules des prairies, que l'on importe maintenant chez nous de l'Amérique en grandes quantités; ces accidents provenaient probablement de la nourriture que ces oiseaux avaient mangée. Dans certains districts de l'Amérique du Nord, surtout dans les monts Alleghangs, la viande de tous les bestiaux est vénéneuse; il en est de même du lait qu'ils donnent et du fromage fait avec ce lait. Les huîtres, les coquillages, les homards et crabes ont souvent causé des dérangements dans l'organisme humain, et il est probable qu'ils avaient été rendus malsains par la nourriture qu'ils avaient mangée. Les journaux médicaux de France, de 1842, citent un cas singulier : une famille entière, à Toulouse, avait été empoisonnée par un plat d'escargots qu'on avait ramassés sur un arbrisseau vénéneux (*Coriaria myrtifolia*) ; et il n'est point rare du tout que le miel soit malsain, pour avoir été recueilli sur des plantes vénéneuses. Le miel de Trébizonde, par exemple, est connu depuis longtemps pour ses propriétés délétères ; il empoisonna des soldats de Xénophon dans la fameuse retraite des Dix mille. Pline en parle aussi ; et aujourd'hui on a souvent vérifié ses effets toxiques. Cela provient, sans doute, des plantes, principalement de l'*Azalea pontica*, que sucent les abeilles de cette contrée. M. Barton nous a signalé de son côté les qualités vénéneuses du miel récolté par les abeilles dans les savanes de New Jersey, où le *calmia* et l'*azalea* sont les principaux arbrisseaux à fleurs. Comme les compagnons de Xénophon, tous ceux qui mangent de ce miel sont fortement empoisonnés; et même, l'hydromel qu'on en fait, empoisonne tous ceux qui en boivent, en produisant un obscurcissement de la vue, du vertige, puis du délire, quelquefois avec une terminaison fatale.

Nous avons d'assez nombreux exemples d'aliments qui sont par eux-mêmes des poisons. C'est ce qui a lieu pour plusieurs poissons des mers tropicales, et surtout des Indes orientales. Le Dr Burron nous en a donné une liste étendue : il paraîtrait que la sardine tachetée de jaune (sardine dorée de France, la *clupea thryssa* des naturalistes), le crapaud ou poisson vessie (*Aplodactylus punctatus* ou *Tétraodon* de Cuvier) et le *Grey-snapper* (*Coracinus fuscus major*) sont les plus vénéneux ; et que lorsqu'ils sont mangés par des poissons plus gros, comme le *Baracosta* et différentes espèces de perches, le congre, le dauphin, etc., ils les rendent également vénéneux. La sardine dorée est si violente dans son action sur le corps humain qu'on a vu des Européens et des nègres expirer avec le poisson dans la bouche avant même qu'il fût avalé; le crapaud ou poisson-vessie n'est guère moins dangereux. Sir John Richardson a décrit les effets désastreux qu'il produisit sur deux marins, le second contre-maître et le commissaire des vivres du brick de guerre hollandais le *Postillon*, pendant qu'il était à l'ancre dans la baie de Saint-Simon, au cap de Bonne-Espérance, en septembre 1845. Ces hommes avaient été avertis que le poisson était vénéneux, mais croyant que le foie en était sain et même délicat, ils le firent cuire et le mangèrent aussitôt après leur repas de midi. Dix minutes après le second contre-maître fut tellement malade qu'il ne pouvait se tenir debout ; sa face était rouge, ses yeux brillants, ses lèvres enflées et bleues, son front couvert d'une sueur froide, son pouls faible et irrégulier. Mais il avait toute sa connaissance, et il se plaignait de douleur et de constriction de l'estomac accompagnées d'envie de vomir. Quelques minutes après, il était paralysé, ses yeux étaient fixes, sa respiration pénible, sa face pâle, quoique ses lèvres fussent livides, et au bout de dix-sept minutes il était mort. L'autre homme présenta les mêmes symptômes, et mourut après vingt minutes. Sir John Richardson dit que le poisson n'avait pas plus de six ou huit pouces de longueur, et que son foie qu'ils avaient mangé à eux deux ne pesait pas plus d'une demi-once.

Les symptômes occasionnés par les poissons vénéneux des tropiques sont toujours de deux sortes : ou bien on éprouve une grande irritation de l'estomac et des entrailles, comme dans le choléra ; ou bien il y a une prostration presque subite des forces vitales, suivie de mort par syncope ou convulsions. Ces effets sont connus depuis longtemps des indigènes et des Européens, et les colons espagnols de l'Amérique tropicale les ont nommés *Siquatera*. On les observe plus souvent dans certaines saisons de l'année que dans d'autres ; et, d'après cela, on pense qu'ils proviennent de certains changements physiologiques dans le corps du poisson ou dans sa nourriture. Dans certains cas, les œufs, dans d'autres, le foie, sont les parties les plus vénéneuses ; dans le cas de la *Maletta venenosa*, de la mer Caribbéenne, le poisson n'est vénéneux que lorsque la mer est couverte d'infusoires, sortes de monades vertes dont il fait sa nourriture. Heureusement pour nous ces dangers sont limités aux tropiques, mais nous aussi, nous souffrons quelquefois, bien que d'une manière moins violente, pour avoir mangé des coquillages malsains, qui occasionnent, entre autres dérangements, une irritation de la peau et des entrailles.

La *viande corrompue* est le plus souvent une perte; mais elle peut être malfaisante ; il est une foule de cas où elle a causé des maladies. Fodéré nous apprend qu'au siége de Mantoue, ceux qui étaient renfermés dans la ville, et qui étaient obligés de manger de la viande de cheval à demi pourrie, souffraient de la gangrène et du scorbut; et dans l'histoire du Groenland, de Czant, on voit que trente-deux personnes moururent dans une station de missionnaires appelée Kangek, pour avoir mangé à un repas de la cervelle corrompue de phoque. Des cas semblables sont rapportés dans tous les livres de médecine légale. Le gibier lui-même, quoique n'étant que faisandé comme l'aiment les gourmets, a causé un accès violent de choléra à des personnes qui n'étaient pas habituées à en manger dans cet état. Mais comme le fait remarquer le Dr Christison : « La force de l'habitude pour disposer l'estomac à digérer de la viande corrompue est inconcevable. » Quelques gourmets, dans les pays civilisés, préfèrent le bœuf et même le mouton sensiblement faisandés; et il y a des tribus sauvages encore plus avancées dans ce raffinement de gastronomie, qui se nourrissent impunément d'huile rance, de graisse de baleine corrompue et de débris infects de viande. Les Zulus de Natal, suivant le Dr Colenso, sont si friands de viande corrompue, qu'ils l'appellent *ubomi*, ce qui, dans leur langage, signifie bonheur suprême. Mais, en règle générale, nous avons une répugnance naturelle pour la viande décomposée, en sorte qu'un simple commencement d'altération suffit pour inspirer à la plupart des gens une répugnance insurmontable ; et il arrive rarement, excepté chez les sauvages, que l'on fasse un repas de viande entièrement corrompue. Quelques personnes, il est vrai, outre le gibier un peu faisandé, acceptent très-bien, à la fin d'un grand repas, du fromage trop fait ; ce que Liebig explique en disant que ces substances peuvent faciliter la digestion en communiquant au reste des aliments la disposition où elles se trouvent. Mais c'est toute autre chose que de se remplir l'estomac de viande corrompue ; et, si le suc gastrique n'en corrigeait promptement les effets, il pourrait en résulter des inconvénients sérieux. Nous avons assurément des preuves très-nombreuses des conséquences terribles de l'introduction des matières putrides dans la circulation, car elles ne sont que trop communes parmi les anatomistes occupés à disséquer le corps humain dans les amphithéâtres. En effet, par cela seul qu'on a manipulé pendant quelque temps des matières animales en décomposition, il se produit souvent des pustules aux mains, ou sur d'autres parties du corps mises en contact avec ces matières. Ce qui nous préserve peut-être, quand nous faisons usage d'aliments trop avancés, c'est la propriété antiseptique d'une bonne cuisson. Mais le moyen n'est pas toujours facile à employer, car les tissus sont souvent devenus si mous par la décomposition, qu'ils supportent difficilement l'action ordinaire de la chaleur ; de sorte que si on les fait bouillir pendant quelque temps, ils tombent en pâte ; et, si on les fait rôtir, ils se racornissent sans former cette croûte délicieuse d'osmazôme qui caractérise une bonne viande. Du reste, de quelque manière qu'on les fasse cuire, il faudra toujours un assaisonnement de fortes épices pour les rendre agréables au palais; et ceux qui ont dîné dans les restaurants à bon marché de Paris, ou aux tables d'hôte, encore plus mauvaises, d'un établissement de bains de l'Allemagne, auront fait l'expérience de l'art du cuisinier sous ce rapport, dans des plats tels que le *vol-au-vent au turbot*, la *raie au beurre noir*, la *sole en matelotte normande*, et dans les différentes formes de poisson *au gratin*, ou de gibier *en salmis*.

Mais, si dangereusse que soit cette sorte d'aliments faisandés, ce n'est rien en comparaison du poison des saucissons, résultat d'une sorte de putréfaction, *sui generis*, à laquelle sont quelquefois sujets les gros saucissons d'Allemagne, et spécialement ceux qui viennent du Wurtemberg. D'après un rapport officiel, il y a eu plus de 400 cas d'empoisonnement par ces seuls saucissons du Wurtemberg dans les cinq dernières années, et, sur ce nombre, environ 150 ont été mortels. Généralement les effets se produisent au printemps, et principalement en avril, lorsque les saucissons ont moisi, et ont acquis à l'intérieur une consistance molle. Ils ont alors un goût nauséabond, sentent le pourri, et se montrent très-acides au papier d'épreuve. Si on les mange en cet état, ils produisent des effets dangereux, au bout de douze à vingt-quatre heures. Les premiers symptômes sont des douleurs d'estomac avec des vomissements de la diarrhée, de la sécheresse du nez et de la bouche ; puis survient un sentiment de profond accablement avec refroidissement des membres, faiblesse et irrégularité du pouls et défaillances fréquentes. Les cas mortels se terminent par des convulsions et une respiration oppressée entre le troisième et le huitième jour. La cause précise de ces effets est encore un mystère ; quelques-uns pensent que, par l'effet de la décomposition, il se produit des acides dans le gras rance ; d'autres, que des acides pyrogénés, y sont développés par le séchage et la fumée ; d'autres, que dans la décomposition des saucissons, il se forme un alcaloïde vénéneux. Liebig pense que ces effets toxiques doivent être attribués à un ferment animal, qui produit dans le sang, par catalyse, un état de putréfaction analogue au sien ; et que les mouvements moléculaires de la putréfaction au sein de la viande qui se décompose se communiquent ainsi à l'organisme vivant. M. Van den Corput, qui a fait tout récemment des recherches sur la question, attribue l'action morbifique d'une pareille viande à la présence d'un petit champignon, de la nature de la sarcina, qu'il appelle *sarcina botulina*. Cette manière de voir est confirmée par ce fait que les saucissons présentent toujours une moisissure particulière, et que leur propriété vénéneuse s'observe généralement en avril, époque où ces organismes cryptogamiques se développent avec le plus de facilité.

Des effets semblables ont été produits quelquefois par d'autres espèces d'aliments animaux, tels que le veau, le lard, le jambon, le bœuf salé, le poisson salé, le fromage, etc. ; dans ces divers cas, l'aliment était d'ordinaire dans un état de décomposition et de moisissure. Il serait fastidieux de détailler, ou même d'énumérer les cas rapportés dans les ouvrages de médecine légale ; mais je puis en citer quelques-uns. En 1839, il y avait à Zurich une fête populaire, et environ 600 personnes prirent place à un repas composé de veau rôti froid et de jambon. Au bout de quelques heures, la plupart d'entre elles éprouvèrent des maux d'estomac avec des vomissements et de la diarrhée ; et avant qu'il se fût écoulé une semaine, presque toutes étaient sérieusement malades et alitées. Elles se plaignaient de frissons, d'étourdissements, de maux de tête et d'une fièvre ardente. Chez quelques-unes il y avait du délire ; et dans les cas qui avaient eu une terminaison fatale, on observa une prostration extrême des forces vitales. On fit une enquête minutieuse sur les causes de cet événement, et la seule chose qu'on put découvrir, ce fut un commencement de putréfaction avec moisissure légère de la viande. Le Dr Geiseler rapporte l'exemple d'une famille de huit personnes qui furent malades pour avoir mangé du lard moisi. M. Ollivier a cité un cas de six personnes empoisonnées par du mouton dans un état de décomposition un peu avancée ; quatre d'entre elles moururent en huit jours. En Russie, où c'est la coutume de manger beaucoup de poisson salé cru, il n'est pas rare de voir ce poisson produire de graves accidents, lorsqu'il est moisi ou corrompu.

Quant au fromage gâté, ses effets morbifiques ont souvent été si graves, qu'ils ont provoqué des recherches officielles. Ces effets ont surtout été remarqués à Schwerin (1823), à Minden (1824), à Hameln (1826), à Griefswald (1827), à Francfort (1828) et ailleurs ; ils ont été l'objet d'essais intéressants faits par Henneman, Hünefeld, Westrumb et autres. L'empoisonnement fut d'abord attribué aux vases de cuivre employés dans les laiteries ; et, à cause de cela, les gouvernements de l'Autriche et de plusieurs petits États prohibèrent l'emploi de ce métal pour cet objet ; mais les recherches postérieures de Hünefeld, de Sertürner et d'autres chimistes établirent qu'il n'y avait dans le fromage aucun poison métallique.

Dans un rapport de police qui fut publié à Francfort en janvier 1828, et où l'on informait le public des cas nombreux d'empoisonnements occasionnés dans cette ville par le fromage gâté, il était déclaré qu'aucun principe vénéneux ne pouvait y être découvert par les réactifs chimiques. Le professeur Hünefeld, et postérieurement Sertürner, pensèrent que l'empoisonnement était dû à certains acides gras vénéneux, analogues, sinon identiques aux acides caséïque, sébacique, etc.; ils décrivent même la manière dont ils se produisent dans le fromage pendant qu'il mûrit; ils les attribuent à ce qu'en faisant le fromage on enlève imparfaitement la liqueur acide du lait caillé, ou à la putréfaction du lait caillé avant qu'on ne l'eut salé, ou au mélange de la farine avec le lait caillé; mais il est bien plus vraisemblable que les effets vénéneux sont dus, comme Vanden Corput le suppose, à la présence d'une moisissure ou d'un champignon particulier. J'ai vu moi-même les conséquences les plus terribles produites par un fromage de cette nature, sans pouvoir réussir à rien découvrir d'extraordinaire dans l'acidité ou les autres réactions chimiques de ce fromage. Hünefeld dit que le fromage gâté est ordinairement d'une couleur rouge-jaunâtre; qu'il est à la fois mou et coriace, avec des morceaux plus durs et plus colorés, disséminés dans sa masse; qu'il a un goût désagréable et une réaction acide. Les symptômes qu'il produit ressemblent beaucoup à ceux du saucisson vénéneux, savoir : irritation de l'estomac et des intestins, avec une grande prostration des forces vitales. Ces effets ont été observés non-seulement en Allemagne, où le fromage est généralement rance et mauvais, mais aussi chez nous, et particulièrement dans les petites fermes des montagnes du Cheshire, où l'étendue limitée des laiteries oblige le fermier à garder pendant plusieurs jours le lait caillé, afin de pouvoir en faire un grand fromage.

Je n'ai rien dit de la mauvaise habitude de tuer des animaux très-jeunes, surtout les veaux, avant que les tissus aient eu le temps de modifier leur état utérin. Sur le continent, il est défendu de tuer ou de vendre à la Boucherie des veaux n'ayant pas plus de quatorze jours; mais, dans ce pays, il n'y a pas de restriction semblable, et il est d'usage d'employer, dans la fabrication des saucissons, des veaux nouveaux-nés, ou même à l'état fétal; et parce que leur chair est flasque et insipide, on l'affermit avec de la viande vieille, dure et nerveuse. Cette chair a l'avantage de pouvoir être mêlée à toute sorte de viande, et de prendre différents goûts. C'est ainsi, de fait, qu'on prépare une sorte de saucisson susceptible de prendre un goût quelconque, et dans lequel, pour me servir de l'expression de Dickens : « Chacun trouve l'assaisonnement qu'il veut. » Je ne saurais dire qu'une pareille viande soit positivement malsaine, mais elle n'est pas appétissante, et elle cause le même dégoût qu'un œuf qui renferme un poulet.

Pour ce qui regarde les aliments végétaux, ils ne sont pas aussi sujets à la décomposition, ou à être infectés de parasites, que les aliments animaux; car les *acori* ou *mites* de la farine et du sucre, ou même les *charançons* du biscuit sont inoffensifs; en réalité, l'altération la plus importante du grain est sa maladie fungoïde, appelée *ergot*. C'est le *muttercorn* ou *roggenmutter* des Allemands, et, comme il infeste principalement le seigle, on l'a appelé, d'après son aspect, *seigle* ergoté; mais il attaque aussi l'orge, l'avoine, le blé, le maïs, le riz et la plupart des graminées. Il apparaît toujours sous forme de grain noir, d'un volume plus grand que d'habitude, et il se rencontre principalement sur les plantes qui croissent dans un sol argileux mouillé, dans des lieux humides, et surtout dans le voisinage des forêts. La contrée de la Sologne, en France, entre les rivières de la Loire et du Cher, était autrefois notoirement infestée par cette maladie. L'abbé Fessier, qui fut commissionné en 1777 pour rechercher les causes de la fréquence extraordinaire de l'ergot dans cette contrée, l'attribua à la pauvreté et à l'humidité du terrain, et à la moiteur de l'air causée par la quantité de forêts. Quand la saison avait été mauvaise, il y avait jusqu'à un tiers ou un quart de la moisson atteints de l'ergot, et même, quand la saison avait été bonne, la proportion de l'ergot était de deux pour cent. La maladie est causée par la formation d'un champignon particulier que M. Queckett a nommé *ergotetia abortifaciens*, et ses effets sur le corps de l'homme sont très-graves. Il agit principalement sur le système nerveux en causant des étourdissements, l'obscurcissement de la vue, la perte de la sensibilité, des tiraillements dans les membres et la mort par des convulsions ; ou bien il produit une sensation de tiraillement à la surface du corps, avec du froid aux extrémités, suivie d'insensibilité et de gangrène. C'est sans doute à ces effets que fait allusion Ligebert dans son « Histoire de France, » lorsqu'il dit que l'année 1089 fût une année de peste, surtout dans les parties occidentales de la Lorraine, que beaucoup de personnes devinrent putrides, parce que les parties intérieures de leur corps étaient comme consumées par le feu de Saint-Antoine. Leurs membres pourrissaient et devenaient noirs comme du charbon ; elles périssaient misérablement ; ou bien, privées de leurs mains et de leurs pieds, elles étaient réservées à une vie plus misérable que la mort. Bayle, en parlant de cette maladie, dit que le pain avait une couleur d'un violet foncé. Les mêmes effets ont été observés dans d'autres parties du continent, comme en Silésie, en Prusse, en Bohême, dans la Saxe, le Holstein, le Danemark, la Suisse, la Lombardie et la Suède, où la maladie *des tiraillements*, ainsi qu'on l'appelait, attaquait des districts entiers, n'épargnant ni les vieillards ni les jeunes gens, ni les riches ni les pauvres.

Le préservatif de cette maladie est entre les mains du meunier, qui doit séparer le grain ergoté de celui qui est sain. Nous avons heureusement un moyen facile de reconnaître sa présence, non-seulement dans l'examen de la farine au microscope, mais dans cette circonstance que, comme l'ergot est le plus léger de tous éléments de la farine, il flotte sur un mélange d'une partie de chloroforme et de six parties d'alcool, et se montre sous forme d'écume de particules d'une couleur brune foncée.

Une autre source de danger est la présence de graines vénéneuses dans la farine. Le plus important est l'ivraie (*lolium temulentum*), que le fermier peu soigneux laisse croître dans ses champs ; et dont la semence, mêlée au bon grain, est convertie en farine par le meunier souvent trop peu attentif. L'effet de l'ivraie sur l'homme est de causer une sorte d'ivresse, avec mal de tête, étourdissements, somnolence, délire, convulsions, paralysie, au point même d'amener la mort. Quelquefois elle provoque des vomissements avec irritation du canal alimentaire, et alors ses dangers ne sont pas aussi graves. On cite plusieurs exemples de l'action vénéneuse de l'ivraie. Ainsi

Christison nous apprend que presque tous les hôtes de la maison de pauvres de Sheffield, au nombre de 80, furent attaqués, il y a peu d'années, de symptômes semblables, après avoir déjeuné avec un potage de gruau : on supposa que ces effets avaient pour cause la présence de l'ivraie dans le gruau. Perleb rapporte qu'un accident de même genre est arrivé dans la maison de correction de Fribourg ; plus récemment encore ces mêmes effets ont été produits sur 74 personnes du workhouse de Beninghausen. Le Dr Taylor dit, sur le témoignage du Dr Kingsley, de Roscrea, que dans le mois de janvier 1854, plusieurs familles, comprenant environ 30 personnes, souffrirent gravement des effets d'un pain contenant de la farine d'ivraie. Ceux qui avaient mangé de ce pain chancelaient comme s'ils avaient été ivres; et, quoique tous eussent guéri, ils continuaient de souffrir de vertige, de refroidissement des membres et de prostration des forces vitales.

Le *grain incomplétement mûr*, de même que le grain malade de la *rouille*, la *farine moisie* et le *pain moisi* ont aussi produit des troubles dans l'organisme du corps humain. M. Bovier attribue la dyssenterie épidémique qui éclata dans le département de l'Oise, pendant l'automne de 1793, à l'usage que l'on y fit de grain qui n'était pas mûr. Le grain gâté par le *brun* ou la *rouille noire* est regardé par plusieurs comme malsain. La *farine moisie* ou le *pain moisi* sont certainement malfaisants ; et l'on a rapporté plusieurs cas, non-seulement d'hommes, mais de chevaux empoisonnés par du pain moisi ou altéré. M. Payen a consigné dans un rapport écrit, les effets désastreux du pain de munition moisi fourni aux corps de troupes campés autour de Paris en 1843 ; la moisissure était, dans cette occasion, un champignon jaune, l'*oïdium aurantiacum* ; dans d'autres occasions elle a présenté une couleur verte, et provenait du *pennicillum glaucum*.

Il est dangereux de faire usage d'aliments moisis de quelque nature qu'ils soient, et, en considérant combien sont nombreux les *spores* ou *sporidies* de champignons vénéneux qui flottent dans l'atmosphère, il est surprenant qu'ils n'infectent pas plus souvent nos aliments et ne causent pas plus de désordres dans l'organisme; en effet, l'air, lavé par l'eau distillée, cède toujours une grande quantité de ces germes délétères, prêts à tout moment à entrer en activité, lorsqu'ils arrivent au contact d'une substance qui convient à leur développement. Un remède contre ces dangers invisibles est une bonne et forte cuisson.

Maintenant, pour conclure, faisons quelques remarques sur la question des *sophistications frauduleuses des aliments*, question très-populaire et souvent agitée dans les cinquante dernières années; surtout depuis l'année 1820, époque à laquelle M. Frédéric Accum publia son traité sur les « Altérations des aliments et les poisons culinaires, » avec cette épigraphe effrayante tirée du Livre des Rois : « *Mors in olla.* » Comme vous pouvez facilement vous l'imaginer, une annonce aussi terrible sortie de la plume d'un auteur bien connu ne pouvait manquer de jeter l'alarme, et de provoquer une inquiète curiosité. Aussi le livre fut-il recherché avec empressement, et mille exemplaires furent vendus dans le premier mois de sa publication; de sorte que, pour me servir des expressions de l'auteur, dans l'avertissement de sa seconde édition, « ce fut un motif suffisant pour réimprimer l'ouvrage. » Le succès extraordinaire de l'entreprise d'Accum a été pour d'autres une tentation si forte, que la presse a été littéralement encombrée des produits, sur ce sujet, des écrivains à sensation. Et quoique je sois disposé à en admettre son importance, je suis cependant obligé de dire que la question a été démesurément exagérée, surtout par ceux qui n'avaient que peu de connaissance pratique de ces matières.

Les altérations frauduleuses des aliments se font de trois manières :

1° En augmentant le volume ou le poids de la substance ;

2° En embellissant son aspect extérieur ;

3° En lui donnant une force ou énergie trompeuse.

Au nombre des premières de ces falsifications se placent les suivantes :

(*a*) L'addition *d'amidons inférieurs*, tels que la fécule de pomme de terre ou arrow-root anglais, le curcuma ou arrow-root des Indes orientales, le jatropha ou arrow-root du Brésil, le tacca ou arrow-root de Tahiti, la canne ou l'amidon de tous-les-mois, la farine de Sagou, etc. ; *au vrai maranta, ou arrow-root des Indes occidentales*, dont l'arrow-root des Bermudes est la variété la plus estimée. Un examen au microscope de l'amidon ou de la fécule fera toujours reconnaître la fraude.

(*b*) Le mélange de *sucre d'amidon* ou même *d'amidon* au *sucre de canne ordinaire*. Le sucre d'amidon, ou comme on l'appelle quelquefois, le sucre de raisin ou glucose, se fabrique dans ce pays et sur le continent en quantités considérables. On se sert pour cela de toute espèce d'amidon, que l'on fait bouillir une demi-heure à peu près dans de l'eau contenant environ un pour cent d'acide sulfurique. On neutralise ensuite l'acide avec de la chaux, et on fait vaporiser la liqueur jusqu'à ce qu'elle ait une densité de 1.28. Tandis qu'elle est chaude, on tire au clair ce qui se trouve au-dessus du précipité insoluble de sulfate de chaux ; en laissant reposer le liquide pendant quelques jours dans un lieu frais, il cristallise ou se prend en une masse solide. Le pouvoir édulcorant de cette sorte de sucre est à peine la moitié de celui du sucre de canne ; le sucre de glucose naît de la tranformation que l'action des acides végétaux et de la chaleur fait subir au sucre de canne ajouté à des fruits cuits, pour faire une tarte ou tourte de fruits, de gelée ou de la marmelade. C'est donc une mauvaise économie que de sucrer beaucoup une tarte avant de la faire cuire. Le sucre d'amidon se reconnaît à plusieurs caractères, par exemple, à l'absence de reflets cristallins, parce qu'il n'a pas de cristaux bien formés ; à sa solubilité plus faible dans l'eau, plus grande dans l'alcool ; à la couleur foncée de vin d'Oporto qu'il donne à une solution de potasse, lorsqu'on les fait bouillir ensemble.

(*c*) L'eau ajoutée au *lait*, au *vinaigre*, etc. Cette fraude se reconnaît facilement à la densité du liquide ; s'il s'agit du lait, à la faible proportion de crème dans le lactomètre, et par son aspect pauvre et maigre quand on l'examine au microscope.

(*d*) Le mélange de *jus de viande* et d'*autres graisses* dans le *beurre ;* d'*eau* et de matière *amylacée* dans le saindoux. Le beurre et le lard doivent donner, lorsqu'ils sont fondus, une huile transparente, avec un faible dépôt d'eau ou de toute autre substance.

(*e*) La *gélatine* est quelquefois ajoutée à la *colle de poisson* avec tant d'adresse qu'il faut une analyse habile pour la découvrir. La colle de poisson est une substance organique, et lorsqu'on l'examine au microscope, elle présente une structure particulière qui la caractérise parfaitement; il n'en est pas de même de la gélatine. Une particule de colle de poisson reste opaque dans de l'eau chaude, comme un morceau de pain blanc; la gélatine, au contraire, y devient transparente, et son volume augmente beaucoup. La gelée faite avec de bonne colle de poisson sent légèrement le poisson, et elle est neutre au papier d'épreuve; mais celle qui est faite avec de la gélatine a une odeur bien caractérisée de glu et une réaction acide. Enfin, si l'on fait brûler quelques grains de colle de poisson dans une cuiller de métal jusqu'à ce qu'elle soit réduite en cendre, la cendre sera en très-petite quantité et d'une couleur rougeâtre; tandis que la gélatine donnera beaucoup plus de cendre, et cette cendre sera blanche. La gélatine ne convient pas à l'estomac délicat d'un malade, qui se trouve bien au contraire de la colle de poisson; et, par conséquent, il est important de savoir les distinguer.

(*f*) Le *café* falsifié avec de la *chicorée* se découvre facilement ; il suffit de jeter une pincée du mélange sur l'eau; car le café, rendu légèrement gras par une huile volatile et une huile fixe, flotte à la surface, tandis que la chicorée descend au fond, et donne à l'eau une teinte brunâtre. L'expérience, comme vous voyez, se fait aisément dans un verre d'eau; on peut même, avec un peu d'habitude déterminer les proportions du mélange.

De la farine de blé est souvent ajoutée à de la *farine de moutarde*, et lorsque la quantité dépasse une certaine limite, c'est incontestablement une falsification, car il en résulte un affaiblissement du montant de la moutarde.

Voici quelques exemples de la seconde classe de falsifications, dans lesquelles on a pour but d'*embellir l'aspect extérieur de la substance* :

(*a*) En ajoutant de l'*alun* au *pain*, on peut, comme je l'ai déjà expliqué, faire un pain d'une apparence tolérable avec de la farine inférieure et même détériorée. L'alun a la propriété de rendre le gluten visqueux, de l'empêcher de se décolorer par la chaleur, et aussi d'arrêter l'action de la levure ou du ferment sur lui. Lors donc que l'alun est ajouté à de la farine de bonne qualité, il la rend capable de retenir plus d'eau et de donner ainsi un plus grand nombre de pains ; en outre, si on l'ajoute à de mauvaise farine, il empêche l'effet ramollissant et désintégrant de la levure sur un gluten pauvre, et de qualité inférieure, et le rend ainsi capable de supporter l'action de la chaleur pendant la cuisson. On proportionne la quantité d'alun à la qualité de la farine ; cette quantité peut varier de 2 à 8 onces par sac de farine. Ces proportions donneront de 9 à 37 grains d'alun par pain de quatre livres, quantités que l'on peut découvrir facilement par des moyens chimiques. Voici, en effet, un moyen d'épreuve simple qui permet de reconnaître aisément des quantités d'alun bien plus faibles. Une infusion de bois de campêche acquiert une riche teinte de carmin pourpre, ou couleur de vin de Bordeaux, lorsqu'on la met en contact avec de l'alun : vous n'avez donc qu'à plonger, pendant un instant, une tranche de pain dans une faible solution aqueuse de bois de campêche, et, si le pain contient de l'alun, il communiquera promptement à la solution une teinte purpurine ou d'un pourpre rougeâtre.

J'ai déjà énuméré les propriétés du bon pain ; il ne

doit pas y avoir de taches noires sur la croûte de dessus; il ne doit pas devenir mou et humide dans sa partie intérieure; il ne doit pas se moisir quand on le tient dans un endroit modérément sec; il doit être doux et agréable à la fois au goût et à l'odorat; quand on le trempe dans l'eau, il ne doit pas donner une liqueur acide et visqueuse; une tranche que l'on a prise au centre d'un bon pain ne doit pas perdre plus de 45 pour cent de son poids par la dessiccation.

Le sulfate de cuivre agit comme l'alun, pour donner au pain une plus belle apparence; et, suivant Kuhlmann, Chevalier et d'autres, il est employé communément par les boulangers du continent, malgré les peines sévères auxquelles sont condamnés ceux qui s'en servent. Mais, en Angleterre, il n'est que rarement employé.

(*b*) La fleur, le lustre, ou parement du thé vert et du thé noir sont généralement artificiels. Dans le cas du thé vert, c'est ordinairement un mélange de bleu de Prusse, de bleu de tournesol, et de sulfate de chaux ou d'argile de Chine; pour le thé noir, c'est assez souvent une couche de mine de plomb. Le thé préparé pour le marché anglais est notoirement soumis à ces falsifications; mais il paraît qu'il faut l'attribuer à une fantaisie de notre part, et non à une volonté mauvaise des Chinois, qui ne songeraient nullement à employer de pareils moyens. On découvre aisément la falsification en agitant le thé dans de l'eau froide, le passant à travers une mousseline, et laissant reposer la poussière fine qui s'en est détachée.

(*c*) On donne souvent une couleur verte aux *conserves de fruits* et aux *légumes confits* avec un sel de cuivre; ce métal en effet, a la propriété particulière d'être un mordant, ou de fixer sous forme insoluble la matière colorante verte ou chlorophylle des végétaux. Si donc l'opétion se fait dans des vases de cuivre, ou si l'on ajoute un peu de vert-de-gris ou de sulfate de cuivre au vinaigre dans lequel on fait bouillir les végétaux, leur couleur sera conservée. Dans certains cas, la quantité ajoutée a été assez grande pour donner un aspect cuivré à une fourchette d'acier ou à une lame de couteau plongée dans la conserve. Dans ces cas-là, comme on pouvait s'y attendre, le sel de cuivre a occasionné des symptômes graves d'empoisonnement.

(*d*) On ajoute souvent *de la terre ferrugineuse* ou de l'oxyde rouge de fer aux sauces, aux anchois, aux préparations de cacao et aux conserves de viandes, pour leur donner une plus belle apparence.

(*e*) Des *mordants minéraux*, d'une nature souvent vénéneuse, sont employés dans les laboratoires des confiseurs.

Enfin, dans le but de donner une *force trompeuse à la substance*, on ajoute souvent de l'*acide sulfurique* au *vinaigre*, du *sulfure de zinc* ou du *caramel* (sucre brûlé) au *café* et à la *chicorée*, de *catechu* ou *terra japonica* au *thé*, du *cocculus indicus* à la *bière*, du *poivre de Cayenne* aux *poivres* ordinaires, etc.

On ne saurait douter que plusieurs de ces falsifications soient dangereuses, et toutes sont des fraudes aux dépens du public. Aussi le Parlement a-t-il tenté d'en faire l'objet d'une loi, comme dans « l'Acte pour empêcher la falsification des articles de nourriture et de boisson » (23e et 24e vict., chap. 84) de 1860; mais, comme l'application n'en est que permise (et non obligatoire), l'effet en a été nul ou presque nul. Dans les lieux mêmes où il a été appliqué, comme dans la cité de

Londres, et où des fonctionnaires publics ont été nommés pour faire des analyses, il n'a pas eu de bons résultats; en réalité l'acte existe dans le Recueil des lois à l'état de lettre morte. En parlant de la cité, je puis dire qu'il s'est présenté toutes sortes de motifs ou de raisons pour y faire de l'acte une application rigoureuse, mais toujours sans résultats. Dans les anciens temps, les mesures prises contre de pareils délits étaient promptes et efficaces. Dans les *Assisa panis*, par exemple, telles qu'on les trouve dans le *Liber albus*, on ne formulait pas seulement des réglements aussi rigoureux que possible, concernant la manière dont le commerce de la boulangerie devait être pratiqué, on édictait des peines contre ceux qui manquaient de s'y conformer. « Si quelque défaut, » y est-il dit, « est trouvé dans le pain d'un boulanger de la cité, que la première fois il soit traîné sur la claie de Guildhall à sa maison, par les grandes rues, où il y aura le plus de monde assemblé, et par les petites rues les plus sales, avec le pain défectueux pendu à son cou. S'il est trouvé une seconde fois coupable du même délit, qu'il soit traîné de Guildhall par la grande rue de Cheep, de la manière susdite, jusqu'au lieu d'exposition des condamnés; qu'il soit mis au pilori, et qu'il y reste au moins une heure de jour. La troisième fois qu'un pareil défaut sera trouvé (dans le pain d'un boulanger), il sera traîné comme précédemment, son four sera détruit, et le commerce lui sera interdit pour toujours dans la cité. »

Le même livre nons apprend, en outre, que cette punition fut infligée à William, de Stratford, pour avoir vendu du pain qui n'avait pas le poids, et à John, de Strode, pour avoir fait du pain contenant des ordures et des toiles d'araignée. Un délinquant à tête chauve fut exempté de la claie en raison de son âge et de la rigueur de la saison ; il paraît que la punition fut infligée pour la dernière fois, dans la seizième année du règne de Henri VI, à Simon Frenssha, qui fut traîné de la même manière. Un châtiment semblable était infligé aux bouchers et aux cabaretiers pour fraudes dans leur commerce ; il est rapporté en effet, qu'un boucher fut conduit par les rues, à cheval, le visage tourné du côté de la queue, pour avoir vendu au marché du lard atteint de ladrerie, que le lendemain il fut mis au pilori avec deux grandes pièces de son lard gâté sur la tête, et un écriteau qui expliquait ses délits. Parmi les jugements enregistrés dans le *Liber albus*, on compte vingt-trois cas de condamnations au pilori ou aux peines habituelles, pour vente de viande, de poisson ou de volaille corrompus ; treize pour des pratiques illicites de boulangeries, et six pour délits de cabaretiers et de marchands de vin. En vérité, nous avons bien dégénéré sur ce point.

Maintenant, pour conclure, après avoir appelé votre attention sur les valeurs nutritives des différentes sortes d'aliments, sur leurs propriétés fonctionnelles et diététiques ; sur les manières dont on les associe ; sur les quantités nécessaires pour un travail ordinaire ; sur la manière dont ils sont digérés ; sur les effets de leur préparation culinaire et des autres traitements auxquels on les soumet ; sur les moyens de les conserver, et sur les causes de leur insalubrité, nous pouvons enfin nous demander si quelques grandes généralisations peuvent être déduites de nos recherches.

En premier lieu, vous aurez constaté, je pense, l'existence de preuves très-frappantes d'un dessein, dans la manière dont la matière organique est constamment tenue en mouvement; en effet, vivante ou morte, elle est toujours dans un état d'activité moléculaire, soit qu'elle s'avance vers l'état le plus élevé de l'organisation, soit qu'elle recule vers les limites du règne minéral. Il résulte de là, que l'œuvre du monde vivant s'exécute complétement et parfaitement, avec une quantité relativement peu considérable de matière, et seulement avec une faible dépense de force. Partant du règne minéral, comme l'acide carbonique, l'eau et l'ammoniaque, les éléments futurs de la nature organique passent, par une suite de transformations, d'abord dans le règne végétal, et ensuite. dans le règne animal où ils atteignent le sommet de l'organisation, pour descendre et revenir de nouveau à leur condition première. Ainsi se perpétuent ces alternatives sans fin de transformations, dans lesquelles la même matière et la même force sont sans cesse en mouvement dans un cercle continu. Par l'énergie de la plante, la matière brute est constituée en acides végétaux, en sucre, gomme, amidon, graisse, albumine, tissus, etc.; vient ensuite l'animal qui la convertit en produits de formes et de composition plus élevées, tels que la gélatine, les muscles, la cervelle, etc. Les deux extrêmes de ces transformations, sont, pour me servir des expressions de Gerhardt, l'acide carbonique, l'eau et l'ammoniaque d'une part; l'albumine, la gélatine, la graisse et la matière cérébrale de l'autre. Les transitions d'un extrême à l'autre sont innombrables, et bien au-dessus jusqu'ici de la portée de la science. On peut dire en général, que les fonctions chimiques de la plante sont des fonctions de réduction ou de désoxydation, par lesquelles l'acide carbonique et l'eau sont privés de leur oxygène et constitués par addition d'azote en aliments:

les fonctions des animaux sont d'une nature opposée, elles détruisent ces aliments par oxydation. La plante, est par conséquent le moyen par lequel l'acide carbonique, l'eau et l'ammoniaque sont convertis en composés nouveaux ; la lumière et la chaleur transformées en affinité chimique. L'animal, lui, est l'agent par lequel ces composés sont détruits, leurs affinités changées en d'autres manifestations de la force, et converties finalement en chaleur. De cette manière, le circuit des transformations est complet, et il n'est pas difficile de suivre la marche des phénomènes de vitalité, jusqu'aux forces cosmiques que la plante a emprisonnées. Mais pourrons-nous jamais suivre, à travers leurs changements si compliqués, les transitions innombrables de la matière et de la force, tant dans leur passage du règne minéral au règne animal, que dans leur retour au règne minéral ? Il est facile de rattacher, par une corrélation de force, les mouvements musculaires du corps animal, et même les efforts les plus élevés de l'esprit humain au rayon de lumière et de chaleur que la plante a arrêté dans sa course ; mais nous sera-t-il jamais permis de démêler ces fonctions mystérieuses, ces changements intermédiaires qui constituent les phénomènes de la vie ? Pourquoi, par exemple, et comment la cellule vivante de la plante est-elle capable de s'assimiler la matière minérale en opposition avec les lois ordinaires de l'affinité ? Comment peut-elle transformer la lumière et la chaleur en force cellulaire ? Comment se fait-il que l'animal, en renversant le procédé et rétablissant le jeu naturel des affinités ; puisse transformer la matière en d'autres manifestations de la force ? A présent, tout ce que nous pouvons dire, c'est que la matière organique est le milieu au sein du quel tous ces changements s'opèrent, et qu'elle est destinée à servir de support aux phénomènes vitaux, de même que la matière minérale est le milieu où se produisent les phénomènes de l'électricité et du magnétisme. Peut-être sommes-nous encore capables, jusqu'à un certain degré, d'entrer plus avant dans le mystère. Après avoir constaté que l'action particulière du végétal consiste dans la réduction des composés chimiques, nous pouvons, en opérant sur des substances minérales telles que l'acide carbonique, l'eau et l'ammoniaque, produire un grand nombre de principes organiques. En effet, des trois grandes classes de substances alimentaires sur lesquelles j'ai si souvent appelé votre attention, savoir : les substances oléagineuses ou grasses, les substances saccharines et les substances albuminoïdes, on peut dire que déjà les chimistes fabriquent celles de la première classe, et qu'ils sont presque à la veille de pouvoir fabriquer celles de la seconde; de sorte qu'il est démontré par des preuves nombreuses que l'action d'une force vitale n'est pas nécessaire à la formation brute de composés organiques; il y a même lieu d'espérer que la fabrication de substances alimentaires peut bien ne pas être absolument au-dessus du pouvoir de l'homme.

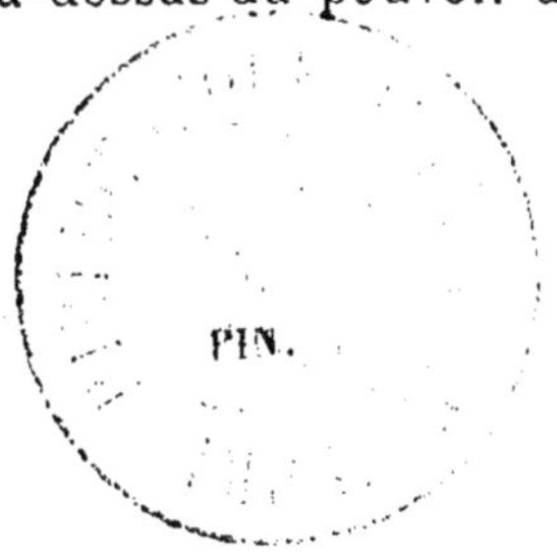

FIN.

TABLE DES MATIÈRES.

PREMIÈRE CONFÉRENCE.

Les différentes sortes d'aliments. — Leur composition chimique et leur valeur nutritive.

DEUXIÈME CONFÉRENCE.

Fonctions des différents aliments. — Leurs propriétés digestives comparées.

TROISIÈME CONFÉRENCE.

Composition des régimes diététiques. — Préparation et traitement culinaire des aliments.

QUATRIÈME CONFÉRENCE.

Conservation des aliments. — Aliments malsains et falsifiés.

FIN DE LA TABLE DES MATIÈRES.

Le Mans. — Typ. Ed. Monnoyer. — 1869.

www.ingramcontent.com/pod-product-compliance
Ingram Content Group UK Ltd.
Pitfield, Milton Keynes, MK11 3LW, UK
UKHW021129260726
13994UKWH00001B/57

9 782329 443478